U0165328

天堂沒有入殮師

孫留仙 著

本書所載內容皆由作者親身經歷描述，然各地喪葬形式、分工與細節等，依風俗民情有所不同，或與讀者所知不盡相同，特此說明。

我叫孫留仙，是一名入殮師。

我十六歲入行，工作已九年，送走了這座東北小城裡五千位逝者。毫不誇張地說，我把整個青春都獻給了他們。我見過各種死法的逝者：凍死的，會保持生前姿勢；溺死的，會泡得浮腫；上吊死的，不吐舌頭而是脖子上留下青紫色的勒痕。我的工作就是把他們恢復成生前的樣子，讓他們體面、整潔地離開這個世界。

凍死的遺體，肌肉會僵硬，需要先抹上精油，慢慢按摩到肌肉放鬆狀態；溺死的遺體，需要抽乾液體，確保體內不留水分。最花時間的是為遺體洗澡，水流小了，沖不乾淨；水流大了，又會沖破皮膚，同時要小心別讓水流進遺體耳朵裡。

洗完澡後還要剪指甲——手指甲和腳趾甲，因為遺體的指甲會發硬，普通的指甲刀剪不動，所以需要用大剪。清理完，用膠水封住遺體的嘴，避免火化時氣體從喉嚨排出，發出聲音。最後，也是最關鍵的一步——抽乾遺體的血液和空氣，擺放好離世的姿勢，送去火化。

以上，只是身為一名入殮師應該掌握的最基本入殮技能。

透過遺體了解逝者生前的故事也是我工作中的一部分，尤其是面對一些特殊逝者時，讓我明白安慰生者比處理遺體更重要。這本書中提及的幾位特殊的逝者，就是如此。我不僅為他們入殮，還了解了他們生前的故事，為他們量身訂做了一場專屬的「送別」。

遺體雖然不會說話，卻教會了我很多。

目錄

我的職業是入殮師

二〇一六年十二月六日，凌晨一點多。睡夢中聽到手機鈴聲，我本能地坐了起來。入殮師這個工作就是這樣，需要二十四小時待命，半夜有遺體的話，也得隨傳隨到。

我以為是去殯儀館，沒想到是去一位逝者家裡，而且師父許老大叮囑我，遺體畫面有點慘烈，要做好心理準備。

我有點疑惑：出現場的話，不應該先是法醫，或者醫生，最後才是我們嗎？怎麼反著來了？入殮師雖然有時也會出現場，但在我們小城市機率極低，殺人、車禍在這兒絕對是爆炸性新聞。

說實話，這幾年雖然我沒少見到遺體，也做好了心理準備，但還是被現場嚇了一跳。這幾乎是我職業生涯裡最刺激，也是最不想回憶的一個畫面。

現場在一座樓房一樓的房子裡，房子四十七坪。裡面住了兩家人，共用一個廁所，沒有客廳，只有兩個臥室和一個廚房。踏進室內，竟然香香的——薰香混著洗衣精的味道。我猜一定是個女孩子住，而且這個女孩子應該很愛美。牆被刷成了粉色，很溫馨，陽臺栽著不知名的小花，鋪著地毯，還放了一套小桌椅，看來主人經常坐在陽臺曬太陽。

如今，這個女孩就躺在地上，上衣和褲子都沒穿。遺體只剩軀幹，傷口破損嚴重。我倒吸了一口涼氣，難道這個女孩被性侵後遭到殺人分屍？心裡把這個慘無人道的兇手詛咒了好幾遍。

思緒拉回到現實工作中，我想的是破損可以修復，但沒了腦袋，要怎麼還原啊？我下意識地問了警察一句：「法醫呢？醫院的人呢？知道身分嗎？有死亡證明嗎？」這麼問是為了把遺體弄走，然後存放在冰櫃裡，等家屬來了以後再做下一步處理。警察說，這些人都來過了，最後才找我們。接下來，法醫會先在我們單位驗屍，對比身分，然後再開立死亡證明。至於怎麼修復，就得等家屬來後再溝通了。

死者身分很快就確定了，是鄰市一個二十歲的女性，叫寧寧。她在附近一家餐館打工，因為愛乾淨，嫌宿舍人多、吵鬧、髒亂，就自己租了這個溫馨的小房子。遺體被送到殯儀館後的第三天，寧寧的媽媽終於來了。

從寧寧媽媽的口中得知，寧寧七歲時，她爸爸就去世了，當時有不少人勸過寧寧媽媽改嫁，但她不願意，怕再婚的對象對女兒不好，這麼多年，母女二人一直相依為命。出了這樣的事，這位母親失去了精神支柱，在殯儀館裡哭得撕心裂肺，一邊哭一邊喊：「這是哪個沒良心的幹的啊，這樣對待我的孩子，你要殺就殺，為什麼要這麼折磨我的孩子啊！」

我在一邊看著，心裡也很難過，等她沒有力氣哭喊了才過去問她：「您打算怎麼處理？」

寧寧媽媽咬著牙恨恨地說：「一天沒抓到兇手，弄丟的身體部位不找回來，我就一天不讓寧寧火化。」隨後，她說要先替寧寧辦理遺體寄存。我們尊重她的選擇，很快就辦好了手續。

經過進一步的偵查，在寧寧被殺兩個星期後，警察在院子中的破水缸裡，發現了一塊巨大的石頭，下面埋著寧寧的手和腳，但腦袋不在。警察翻遍屋裡屋外，還按照殺人犯的行為路線，一路找可能扔腦袋的地方，就連幼兒園都列入了搜索範圍，甚至還要我們這些人閒著沒事的時候都去幫忙找腦袋，但還是沒找到。當時還有傳聞說殺人兇手愛吃人，腦袋早被他煮來吃了。

既然手和腳都找回來了，那就先縫合手腳。當時許老大也在，我們一起把寧寧帶回了工作間。我跟寧寧說：「今天我們幫你把手和腳縫上。我技術不好，縫起來可能會痛，你忍耐一下，我盡量溫柔些。不過我師父的技術不錯。」說實話，在寧寧這具遺體上縫合已經開始腐爛的手腳，真的費了不少力氣。縫完後，寧寧媽媽心裡好受多了，說：「起碼現在看起來有點人樣了。」我嘴上安慰她，心裡盼著早日破案。

可能是心裡總惦記著寧寧的事吧，從替她縫完手腳那天開始的一年多裡，我經常夢見寧寧站在我面前嗚嗚地哭，跟我說：「求求你，幫我找找腦袋。」我想，可能是因為那天午夜現場是我去的，她破損的位置也是我縫合的，所以她信任我，想要我幫她完成這個未了的心願吧。接下來只要有空，我都會去幫寧寧找腦袋。

之前我講過，做惡夢這事對我來說，一點都不陌生。從當學徒到出師的一年半時間裡，我幾乎每一天都做惡夢。這些遺體會在我腦子裡打麻將、喝茶，甚至聚會。有一次晚上值班，我睏了，睡了一會兒，夢裡一個老太太對我說：「你把我的衣服扣子解開，幫我重新穿一下。」我說：「怎麼了？」她說：「你幫我扣錯了。」唰地一下，我瞬間就醒了。然後，跑到剛剛入殮完的老太太那兒一看，果然是我粗心，把一個扣子扣錯了。我只能安慰自己說：下次再不細心做事，還會有老太太來夢裡找你。

惡夢做到第十個月左右的時候，我實在被折磨得受不了，就想，算了不幹了。但後來一想，不行，我才幹了幾個月，難道就要放棄了？當時能撐下來，多虧了師父那句「怕了嗎？好，就回家吧」刺激了我。

老話講，柳樹枝是驅鬼的，我特地折了一根，在睡覺之前大聲說：「我有武器了，今天晚上誰再來，可別怪我不客氣！」真的滿神奇的，我那一晚少做了很多惡夢。

鬼是假的，人的恐懼是真的。

寧寧被殺四個月後，嫌犯終於歸案了，竟然是寧寧的房東。

二〇一六年九月三十日，寧寧去看房子，一次給了房東一年六千元*的房租。房東是個三十六歲的男人，離婚兩年，屬於在外面混得不怎樣，回家耍大爺的那種人。妻子嫌他沒出息，兩人也沒生孩子，就痛快離了。離婚後，這男人對前妻越想越恨，甚至想過要殺了她，但是他沒那個膽量，只是說說而已。

這男人說，寧寧第一次來看房子時，他就看上了寧寧。後來他經常買吃的給寧寧，想跟寧寧談戀愛。寧寧明確拒絕，說他們兩人年紀差得太多，而且男人根本不是她喜歡的類型。

十二月六日這天晚上，男人又去糾纏寧寧，再次被拒絕。心裡鬱悶的他，找了一個酒友喝酒，幾杯酒下肚，兩個男人就開始討論男女之間的那點事，話題猥瑣，不堪入耳。聊著聊著，房東就說看上了向自己租屋的那個小丫頭了，但她太矜持了，搞不到手。酒友開始替他出餿主意：「生米煮成熟飯，懂嗎？那小丫頭才二十歲，

*本書幣值為人民幣。

睡了，再哄哄，買點好東西送她，小女生情緒來得快，去得也快，你們兩個就能順理成章在一起了，多簡單。」

兩人喝完酒已經半夜十一點了，回家路上，這男人藉著一點醉意邊走邊想：不就是因為我沒錢、沒本事，前妻才跟我離婚、拋棄我的嗎？沒想到這個小丫頭也看不起我！什麼我年紀大，不都說小丫頭喜歡大叔嗎？其實她們喜歡的都是那些有錢的大叔！男人越想越氣，改變了路線，向寧寧的租屋處走去。

租屋處內，除了寧寧自己房間的門，外面還有一個共用的大門，自從靠外房間那家人把鑰匙弄丟以後，嫌麻煩就不再鎖大門。租房子的時候，寧寧還問過房東是否有自己裡面房間的備用鑰匙，他撒了謊。

當男人輕手輕腳地打開寧寧房間的門鎖時，看到寧寧正躺在床上睡覺，他被原始衝動占據了大腦，朝寧寧壓了過去。寧寧被弄醒，當時就嚇傻了，大喊救命，可惜那天另一個房間那家人不在。男人怕寧寧大喊會引起鄰居注意，就鬆開了手，開始跟寧寧「商量」說，他從離婚到現在好久沒碰過女人了，外面的女人他嫌髒，不想找，怕得病，還說舒服完了他就走，如果寧寧介意，他可以給寧寧錢。

太噁心了，我已經想不出用什麼詞罵他了。

聽完男人這番話，寧寧哭喊得更厲害了，接著就開始罵他：「你真不要臉！交往不行，就來強的，強的不行，就開始商量了。」寧寧說，她不願意，明天就退租，還威脅說要寫一張揭露房東醜惡行徑的紙條貼窗戶上，讓他的房子租不出去。男人氣得不行，但還是強壓著火氣哄寧寧，寧寧看他那沒用的樣子就氣得笑了，說：「怎麼了，生氣了啊，生氣你就殺了我啊，看看你那沒用的樣子！」男人的火氣一下子被拱了起來，他掐住寧寧脖子，想跟她發生關係，可能是緊張和害怕，沒成功。他也越來越害怕寧寧會把他今天做的事說出去，就用枕頭捂住了寧寧的臉……

寧寧不動了。這個時候，他酒醒了，開始慌張地瘋狂搖著寧寧說：「你別嚇我啊，我是喜歡你的，你醒醒啊。」見一番動作沒用，他就把寧寧拖到院子裡，打算埋起來，但又嫌挖土費力，就決定分屍。

他去隔壁院子偷來一把手鋸，開始分割屍體。可能是手鋸太鈍，身體軀幹切起來很費力，就開始切手切腳，但他不會切，就有了一開始寧寧的遺體被損毀得亂七八糟的那一幕。等都切得差不多了，他把寧寧的手腳藏在了院子的破水缸裡。警察問他為什麼要切下寧寧的腦袋？他說：「聽別人說，人死的時候瞳孔等於一台小型攝影機，會錄下看見的一切。」他怕被發現。還說，因為看見寧寧的腦袋單獨在旁邊，覺得害怕，就打算弄個大行李箱把腦袋和身體一起帶走。於是就把身體拖回了房間裡，然後抱著腦袋去買行李箱了。

抱著腦袋去買行李箱？他肯定是瘋了，也許是編出來的。後來，他又說自己順手把腦袋丟了，但死活不說丟在哪裡了。可能是自知死罪難逃，他還跟刑警說：「你們那麼厲害，你們自己找啊。」刑警氣得差點打他，我也想打他。

大半夜沒有賣行李箱的，這男人就打算回去把身體處理了，結果碰到另一個房間那家人回來了。當時，那家人到家之後，發現寧寧的房間門沒鎖好，怕一個小女生出事，就進去看了一眼，就看見了他們這輩子都難以忘記的恐怖一幕。那家女主人冷靜了好一會兒，才結結巴巴地報了警。

房東看見房間裡有人影，就猜到事情曝光了，一口氣跑到附近的村子裡，找了一個沒人住的破房子，一住就是幾個月。後來這男人選擇了自首，不是因為良心發現，而是荒野生存失敗了，實在挨不了餓，進監獄至少還能有口飯吃。

「腦袋還沒找到，案子不算破。」寧寧媽媽跟我說完，眼睛通紅。自從寧寧出事以來，寧寧媽媽承受了太多，頭髮都白了。

寧寧的讀書成績不算好，十九歲就出來在餐館打工，媽媽尊重她的選擇，但心裡總覺得對不起她，沒給她一個完整的家。寧寧媽媽是賣保險的，一個女人帶著孩子賺錢有限，但她一直努力給女兒最好的生活。為了賺錢養女兒，她也沒怎麼好好陪寧寧，總覺得虧欠女兒。

她說：「寧寧是那種很陽光的女孩子，愛笑、溫柔、開朗，口才又好。平常在家就喜歡養一些花花草草，覺得有生機，沒事喜歡看漫威的電影。上班後，寧寧幾乎每天晚上都會打個電話給我報平安，聊聊今天遇見了什麼人，發生了什麼事。」

出事前的一個禮拜，寧寧還害羞地跟媽媽說，她喜歡餐館的廚師長，對方二十四歲，長得白淨帥氣大高個，她想去表白。當時媽媽幫她出主意說：「小女生要矜持，如果廚師長主動追求的話，那可以考慮交往看看。」寧寧出事的那天半夜，她媽媽都睡著了，突然心咯噔一下，喘不過氣就醒了，結果不久就接到寧寧出事的電話了。

寧寧住在我們殯儀館小冰櫃裡的那段日子，她媽媽經常來看她，我甚至心裡還偷偷羨慕過寧寧，有這麼好的一個媽媽。

距離寧寧被害當天一個半月的時候，那天是除夕夜，我值夜班，寧寧媽媽拿了兩份餃子過來，是她女兒最喜歡的酸菜豬肉餡，還帶了一份給我。我問她：「要不要看看寧寧？」她說：「不了，我沒辦法接受，就這麼待一會兒，送點餃子給寧寧，跟她說說話。」

寧寧媽媽站在冰櫃前，把餃子打開，說：「今天是除夕夜，你不在家，我自己也不想過節，本來想你和你爸都不在了，丟下我，我也自殺去陪你算了。但一想到你的頭還沒找回來，我沒臉去見你啊，是我沒照顧好你，對不起你。」說完又看看自己拿來的餃子，自言自語道：「都沒腦袋，也沒辦法吃啊！」說著她就跪在了地上。我在一旁也跟著哭，這是我在殯儀館最難過的一個新年。

我把她扶起來，說：「地上冷，寧寧看您這樣會心疼的，快起來。大過年的，聽話，不哭了，跟寧寧一起過年。」接著，她陪我值班，還說：「兩盒餃子你都吃了吧，替寧寧吃。」為了哄她高興，我狼吞虎嚥地吃完了所有的餃子。

後來，我們下午沒事的時候，寧寧媽媽就來看她女兒，每個節日都會帶兩份吃的來。可能是因為寧寧的事一直由我負責，也可能是因為我跟寧寧只差一歲，寧寧媽媽覺得我有親切感，心裡有依託吧，每次帶吃的都會有我一份。

那段日子，不工作的時候我就會去看寧寧，跟她說：「這裡很冷對嗎，我們再等等，腦袋回來了，你就可以搬家了。」等寧寧腦袋回來的那段時間，我一直住在殯儀館宿舍，那時，我已經不太會做惡夢了，不過還在練習如何與遺體相處。

寧寧出事前那年的除夕夜，我一個人在殯儀館值班，師父包了餃子給我，我準備煮來吃。我正在研究怎麼煮餃子呢，突然聽到外面傳來「咣咣咣」的敲門聲，嚇得我尖叫。開門一看，原來殯儀館接收了一具老人遺體，逝者家屬以為他能熬過除夕夜，沒想到這邊外頭放鞭炮，那邊老頭「升天」了。

大過年的，很多喪葬用品買不到，家屬著急。我說：「殯儀館有花，但沒人紮花圈了。」這闔家團圓的日子我們也偷懶，誰不希望來年有個好彩頭？哪能在除夕夜紮花圈？我看了看老人，說：「你今天沒福啊，這個時候我剛好煮了餃子呢，你要不要吃一點？」我夾了三個餃子，放到他旁邊的盤子裡，向他鞠了一躬。家屬看著我的舉動都驚呆了。

然後，我就開始認真工作了。入殮完，家屬握著我手感激得哭了，我說：「快擦一擦，這都是份內的事。」大過年的，遇到這種事我都已經習慣了。但在殯儀館裡，我也遇到過一件既驚悚又歡樂的事。

二〇一四年九月末的一個晚上，殯儀館來了一個在醫院急救了三天都沒救回來的老人家。一拿到他的死亡證明，我就開始工作了。當時，我剛把他衣服解開，老人家就抓住了我的手說：「幫我把衣服穿上，我會冷。」我瞬間就被嚇傻了，你動可以，怎麼還張嘴說話呢！我還沒反應過來呢，老人家就已經要從冰棺裡爬出來了，我說：「欸，回去，你抓我手，我忍了，你張嘴說話，我也忍了，怎麼你還更過分了，還要出來，當我不存在嗎，太不尊重我了吧？」

我雖然這麼說，但還是被他的一番動作嚇傻了，遠遠地站著不敢動。接著老人家就回我一句：「滾開，我沒死！」原來他睡覺時休克了，兒子把他送到醫院沒急救成功，放我們冰棺裡卻被「凍活」了。然後，他就開始罵兒子竟然這麼急著「孝順」他，把我們給逗得不行。雖然真有「詐屍」這種事，但那也只不過是遺體的一種神經性反應。

關於特殊遺體，我在工作中還接觸過一位性工作者。遺體上有梅毒，就是長了紅疹和腫包，即便消毒處理後，也覺得這東西會傳染。遺體剛被送來時，並沒有分配給我，而是分配給了別人，但其他人都不願意接，就到了我這兒。其實，做好防護，傳染都是機率很小的事情。處理身上的腫包時，我戴著手套，用小手術刀，想清理得再乾淨一點。

對待遺體，我似乎有強迫症，接過來的工作，我都會重做一遍。其他同事覺得我有病，說我什麼樣的遺體都敢處理。我覺得沒有什麼，不管他生前是什麼樣的人，做什麼行業，殺人犯也好，性工作者也好，到我這兒來都是一樣的，我都會讓他們體體面面地走。認真對待逝者，是我的工作準則。

案發整整一年後，二〇一七年十二月二十日，寧寧的腦袋終於被找回來了。原來那男人當晚在逃跑的過程中，在垃圾箱裡撿了個破爛的包包，把寧寧的腦袋藏進包裡了。他本來想搭車找個有水的地方把腦袋扔了，但又怕被發現，就挑小路走，哪裡沒監視器哪裡黑往哪裡走。走了不知道多久，他發現了一個小村莊，村子裡大部分房子都拆了，但還有幾處沒人住，就把寧寧的腦袋藏到了一個廢棄屋子的炕洞裡了，他還在那個廢棄屋子裡住了四個月。

原本，這男人一直拒不交代，直到有一天晚上他突然瘋了，跪在地上不停地磕頭，說什麼「求求你原諒我吧，我錯了，別跟著我了」之類的話。看守所的警察看他不對勁，就把他提出來審問。他坐在那依然瘋瘋癲癲地，一直說「腦袋藏在炕洞裡了，我把腦袋還給你，你別再纏著我了」。警察看他這樣，請來了精神病醫院的醫生，給他打了一針鎮靜劑。

清醒了一會兒，他又說：「我看見寧寧了，寧寧跟著我……她的腦袋在離市區不遠一個廢棄屋子的炕洞裡……進村走三百公尺左右的第一家就是……」然後又開始亂叫了。我覺得他不是瘋了，而是心魔坍塌了。

警察立即出發，把炕砸了後露出了一個頭骨。隨後，法醫到殯儀館比對寧寧的DNA，確認這正是寧寧丟了一年的腦袋。

寧寧媽媽接到警察通知後，過來一看，瞬間就哭了，說：「我是找到了，但這怎麼火化啊？」我跟她說：「看看能不能跟火化師父商量商量，先火化頭部，再火化身體，然後一起裝到骨灰盒裡。」寧寧媽媽聽完直接朝我跪下了，說：「求求你了，我不想把女兒的腦袋跟身體分開火化，不想以後夢見寧寧身上沒頭抱著頭去看我，我受不了，求求你想想辦法。」

看著寧寧的頭跟身體，我很為難，如果寧寧出事沒幾天，頭就找回來，那時候皮肉還在，還好縫。現在就剩個骷髏架子，該有的血肉、皮膚都沒有了，而且切口還那麼完整，怎麼縫呢？我去找許老大商量對策，她也說不好處理，我又去找館長，館長也為難。

但是，看著寧寧媽媽這一年多裡，時時刻刻承受的那種精神折磨，我們決定想盡一切辦法，盡最大努力把寧寧的腦袋和身體縫合上，了卻寧寧媽媽一個心願，也希望寧寧在天之靈不再承受身首分離之苦。

接下來的一週，我們請來了別的殯儀館裡最好的遺體美容師，還有我和許老大，組成四人小組，一起開會討論，一人一個點子，看看怎麼把頭修復好和身體縫上。經過討論，我們決定用矽膠皮做臉皮，再買一頂假髮做頭髮。但臉皮下的肉怎麼解決呢？又經過幾番議論，最後決定用一種可塑度非常高、接近膚色的黏土來做血肉。然後，我跟寧寧媽媽要了一張寧寧生前的照片，用來當做五官重塑和化妝的參考。

一週後，二〇一七年十二月二十八日早上六點，我們四人組開始了工作，分兩個操作臺開始縫合。先把寧寧的遺體盡快解凍，同時還要爭分奪秒地把頭做出來。裁剪矽膠、捏泥填充，一共用了三個多小時，腦袋才完成。縫合臉皮的時候，手不能碰到泥，因為一按一個洞，簡直無從下手，這可讓我和師父煩惱壞了，大家一時間都有點煩躁。最後，還是師父想到了辦法，別的殯儀館有那種硬的矽膠，雖然手感澀了一點，但可以用來做腦後和腦袋上的皮。臉皮再用那種最柔軟的矽膠，方便上妝。

兩個半小時之後，已經中午了。我看了看寧寧的遺體，還好，還沒開始腐爛。我在心裡唸著：寧寧你再堅持一下，等等腦袋就能跟身體復合了。

我和許老大花了半個多小時把頭髮縫好了，然後就把寧寧這個頭小心翼翼地拿到了工作臺上，由師父替寧寧縫合臉皮，針腳埋在頭髮裡面，看不出來痕跡。不知道寧寧會不會喜歡這個頭。之後，我對照著寧寧的照片，開始替她畫臉，還把她的長頭髮剪成了短頭髮，這樣能讓她顯得乾淨整潔些。

到了下午四點多，就在我們準備把寧寧抬入冰棺時，忽然發現脖子還沒做，但也只能用木棍在裡面撐著黏土固定住腦袋了。做完之後，寧寧媽媽來看女兒，我很抱歉地跟她說：「我們會的有限，盡力修復了，希望你能接受。」寧寧媽媽一邊哭，一邊說：「已經很好了，謝謝你們為寧寧做的一切，我替寧寧謝謝你們，現在就完整了。」

寧寧的遺體在這裡存放得太久，所以修復完第二天就決定火化。按理說，火化時不可以有這些亂七八糟的材料，但我還是盡力幫寧寧爭取，破例帶著這些修復遺體的材料。火化完後，火化爐不好清理，有些鋼刀之類的必須另外處理，真是難為了火化師父。

我的同事宋哥還問我：「你們圖什麼啊，花了十多個小時做的，累成那樣，最後二十四小時都沒到就被燒成灰了。」什麼也不圖，即使做完只放五分鐘，我也覺得值得，因為這是滿足寧寧媽媽執念的唯一辦法，更是寧寧應得的體面與尊嚴。只要他們母女二人安心，我就覺得是值得的。我的職業是入殮師，我希望每一個家屬見到逝者的最後一面是不留遺憾的，關於他們的最後記憶是美好的。

逃離被支配的人生

十六歲那年，我在職校學習替活人化妝時總是心不在焉，滿腦子惦記的都是怎麼替死人化妝，想去殯儀館工作。我有這種想法，得從那年元旦說起。

當時，同儕中只有我不讀書，不學一技之長，也不上班，快把家人急死了，但我自己不急。元旦那天，我在公車站等車，被站牌後面一則徵才廣告吸引了，上面寫著：我市殯儀館急需插花師兩名，具體條件面談。還有一串聯繫電話，我把電話記了下來，心想：插花這工作很好啊！

坐上公車，我開始幻想在殯儀館工作會是什麼樣，結果越想越害怕，不禁打了一個冷顫。但又一想，這也許是我離開家的一個機會。

我從出生開始，讀什麼大學，做什麼工作，甚至應該嫁給什麼樣的人，家裡都規劃好了。但我不想按部就班地過被安排好的人生，我想自己決定。

十歲那年父母離婚後，我就被同儕疏遠。學校裡的同學欺負我，他們朝我丟小石子，說我是沒有父母要的野孩子。有的同學甚至說：「嘿！問你一件事，你媽是不是跟別人跑了，你是不是天天撿垃圾吃啊？」我沒說話。

那段日子裡，我很自卑，討厭去學校。家人不懂我，只認為我不聽話，每天要麼連哄帶騙，要麼就嚇我、罵我，用各種手段逼我去學校。

那張小小的徵才廣告為我的逃離找了一個理由，我想證明給家人看，我不是非得按部就班才能成為他們嘴裡所謂有出息的人。

當天晚上，我和家人說：「我想去殯儀館，等談好了我就去上班。」他們瞬間愣住，沒想到我會說出這麼離譜的話。當時，家人一直勸我當幼兒園老師，但我說：「我就看中殯儀館了，將來還有退休金，一下子解決了一輩子的問題。」為了證明能去殯儀館上班，我當著家人的面，打了好幾通電話過去，但都沒人接，頓時心裡涼了半截。家人也奚落我：「徵才廣告早就過期了，你以為誰都能去嗎？」

難道我跟殯儀館無緣了？不，我絕不投降！我採取了迂迴戰術，跟他們商量：「能不能先讓我去專門的殯葬學校上課？」他們看我還不死心，但覺得上學終究是好事，於是把我送到了一家職校學彩妝。我學著學著感覺不太對勁——死人不都躺著嗎，這是坐著的啊！

回到家，我又開始唸著要去殯葬學校。家人忍無可忍，直接跟我說：「沒有小女生學殯葬的，你老老實實學個彩妝，畢業了去當彩妝師助理也賺不少錢。」我很生氣，但沒辦法反抗。

我在讀職校的幾個月裡，腦子裡總惦記著去殯儀館這件事。我再次改變策略，天天沒話找話提這件事，最後家人妥協了，答應替我想辦法：帶我去殯儀館找許師傅——這個人就是後來的許老大。就這樣，我第一次去了讓我產生無數幻想的殯儀館。

許老大是個女人。二〇一三年四月十六日，在殯儀館院子裡，我第一次和她見面。

殯儀館離市區不遠，雖然不在山上但周圍是一大片荒地。附近沒有路燈，下午四點半左右就天黑了，這一片看起來又荒涼又嚇人。傳說這片荒地最早是亂葬崗，後來日本人把這片亂葬崗變成了一個實驗單位。荒地的盡頭有幾家小型私人工廠，白天像倒閉了一樣，晚上會閃著微弱的燈光。沿著荒地邊的一條路，電動車騎到底就是殯儀館。車燈往那個搖兩下就會掉的院門上一照，光想想都頭皮發麻。正對著院門的，是一座像市政府那樣的大樓。

剛進院子，我就看到了一個長得凶巴巴的女人：一頭烏黑的長髮，頭上戴著拋棄式藍色塑膠帽，穿黑色毛衣、黑褲子，外面套一件白袍。家人迎上去跟她打招呼，嘀嘀咕咕地說著什麼。這個女人遠遠地把我上下打量了一遍：長捲髮，還染了耀眼的橘黃色，長得又小又白，陽光一照，遠遠看去就像個洋娃娃。

離很遠，就聽見她說：「長得太瘦了，柔柔弱弱……太嬌氣，翻個屍體都翻不動。」我還沒回過神呢，她向我走過來，問：「為什麼想做這個工作？」我想也沒想，脫口就說：「這工作厲害啊！」她又看了我一眼，像看傻子似的，說：「回家吧，好好學彩妝，畢業了去劇組跟妝比這個工作好受。」說完她轉身回去了。

家人看見是這樣，跟我說：「這下可以死心了吧！人呢，幫你找了，但人家不要你，沒緣分，你還是回家老實上學吧！」我當時脾氣也上來了，心裡暗想：這女人瞧不起誰呢，我就認定你了，我偏要證明給你看！

第二天我又去找她。但她實際上是做什麼的，我卻不知道；實際上在哪個地方工作，我也不知道，只能在殯儀館大廳裡面瞎晃碰運氣。

晃著晃著，我發現大廳左邊有個小房間，雖然關著門，但開了一扇小窗戶。出於好奇，我趴在窗戶上看，嚇我一跳——這個女人正在幫逝者穿鞋呢。我立刻呆住，隨後就默默回家了，好幾天都沒有再去殯儀館。

那幾天我有點糾結：學這個嗎，現在還會害怕；不學嗎，錯過以後恐怕再沒有這樣的機會了。思來想去，最後我決定先去「偷師」。

我上午去職校上基礎課（就是語文、數學那些），下午的體育課和實作課我就不去了。因為我發現下午殯儀館沒什麼人，正好可以去找那個凶巴巴的女人。

到了殯儀館，她看見我也不理我，我也就不理她。如果我想進房間，她就把門鎖上；我趴在窗戶上看，她就用身體擋著，後來她乾脆拿塊布把窗戶整個都遮住了。

連續去了四天後，第五天警衛大哥不讓我進去了，指著我一頭黃髮問：「你怎麼天天來奔喪呢？」他還懷疑我想偷東西。我能偷什麼？偷骨灰還是偷遺體？

我跟警衛大哥鬥智鬥勇了半個月，每次都是趁他不注意時溜進去。但有一天下午，我沒得逞，正在門口焦急地想辦法時，來了一個男人跟警衛大哥說要找許師傅。我趕緊跟上，想隨著男人混進去，張嘴便跟他打了聲招呼：「你好！」他愣了一下，也回了我一句：「你好！」我剛想要問他「你找的許師傅是不是那個凶巴巴的女人」，就感覺後腦勺一疼，「這裡不能說『你好』。」回頭一看，果然就是那個凶巴巴的女人。

她嘮叨了好多行規，比如：不能主動說「你好、再見」，不能主動跟別人講自己的職業，不可以去紅白宴席，不能主動去別人家做客，不能染頭髮，不能做美甲，不能大笑又不能表情太麻木，還要學會安撫逝者家屬的情緒，好好溝通……

我聽著默默點頭，問她：「還有嗎？」

她說：「看你天天都來殯儀館找我，應該是想學的，回家再好好想想能克服恐懼嗎，都想清楚了，再來找我。」

我回家躺在床上想來想去，搞不懂自己到底是在跟誰賭氣——家人還是那個凶巴巴的女人，就決定去殯儀館上班了。我花了兩百元把頭髮染黑、燙直，這次警衛大哥沒再攔我。

當這個凶巴巴的女人再看到我時，愣了一下，竟然沒認出來。過了一會兒她又說：「你可不可以不要化妝了，化那麼妖豔要給誰看呢，比躺在那兒的都嚇人。」

我清楚地記得，二〇一三年五月八日下午，我再來的時候，沒化妝。這次她看我的眼神柔和多了，語氣也沒那麼強硬。

五月的天氣逐漸熱了，殯儀館也開始忙起來。許師傅需要入殮的遺體不少，我看她那麼忙想出一份力，但又不知道能幹什麼，就想幫忙把遺體的指甲剪了。

第一次觸碰遺體，硬硬的、涼涼的。我心跳加速，怕剪不好弄痛了他們會不會突然坐起來喊痛。但遺體沒說話，許師傅卻大喊了一聲：「你把手套戴上，不要直接觸碰遺體！」

我以為不戴手套是不尊重逝者，後來才知道，遺體是一個巨大的細菌培養皿，直接用手去觸摸遺體，會感染細菌。我戴上手套，開始替遺體剪指甲。許師傅張嘴想說什麼，又把嘴閉上了。

這是我第一次看到入殮師是怎麼工作的。要先為逝者洗澡消毒，按摩僵硬的遺體——這樣比較好穿衣服，還要敷面膜、化妝、梳頭髮甚至刮鬍子；然後用膠水封住嘴巴；最後擺放好他們離世的姿勢。看完之後，我說了一句：「我以為這個工作就是化妝，沒想到這麼複雜。」「如果只是化妝，那衣服誰穿？總不可能是逝者自己坐起來穿吧！」許師傅反問道。

隨著深入了解，我發現許師傅雖然第一眼看上去滿凶的，但是工作時非常嚴肅、安靜——普通的遺體美容，她處理得非常乾淨；複雜的遺體，她也縫合得沒有痕跡。閒時，她愛喝小酒，吹吹牛。我覺得和她的關係拉近了些。

二〇一三年七月六日，距離和許師傅第一次見面已經過去三個月了。下午我剛到，她就向我擺手示意叫我過去。她問我：「這幾個月，在這裡待著感覺怎麼樣？」我沒說話。她接著說：「看你還滿好學的，看在你家人的面子上，我破例收你為徒，以後我就是你師父。」許師傅還說，我第一次剪指甲那天她欲言又止，就是想收我做徒弟，但又怕收了我，我撐不下去，浪費她感情。

聽她說完我愣了幾秒，趕緊跪在地上給她磕了幾個頭。

她把我帶到辦公室，跟館長和主任介紹了我。這兩人看看我，又看看她，問她：「許老大，這孩子多大了？」她說：「十七歲。」館長嫌棄我太小了，不想留我。許老大說：「缺人手啊！她都跟我三個月了，我先帶著，如果實在不是那塊料，再讓她回家。」聽完許老大的話，館長默許了。這天我才知道，她在這裡的外號叫「許老大」。

在我生活的小城市裡，絕大多數人尤其是老一輩的人都認為，殯葬業是個晦氣的行業，很少有人願意做。所以，這行非常缺人。但只要你膽子大，能撐下去，這工作就是你的，對學歷沒有太高的要求。

許老大替我登記了一張表，又給我一件白袍，要求我上班時裡面穿黑衣服、黑鞋，外面再穿白袍。她說：「早上八點上班，供兩餐，下午三點下班。夜班是下午五點到第二天早上八點，也是提供兩餐。半夜十二點巡邏一圈，沒什麼特殊情況可以在宿舍睡覺。」因為我什麼也不會做，為了訓練我，她要求我：「六點就過來，打掃環境、消毒工具這些基礎的工作都你來做。開始工作之前，我先帶你去後面山上爬山，跑步。」

交代完這些後，她嫌我名字不好聽又拗口，就說：「你是第四個徒弟，就叫許小四吧！」

有天中午吃完飯，我跑到院子裡偷懶時，看見一個女人進來。她身高一百六十四公分左右，雖不算矮，但看起來瘦瘦小小的；眼睛不算大，人不算漂亮，但屬於耐看那種。她穿著工作服，外面套著一件洗得有點發白的灰色外套，騎了一輛黑色掉漆的自行車，車籃裡有一個紫色的布袋。她看起來，雖然跟我師父沒差幾歲，但已經有些許白髮，顯得比我師父老了許多。我盯著她看了好一陣，以為是逝者的家屬或是過來弔唁的，但發現她直接走進了館長和主任的辦公室。

難道她也在這裡工作？我搜尋了一下腦海裡的同事資訊，沒有答案。於是想，可能是我忙著糾纏師父教我技術，沒注意到她。但這個解釋也不太合理。我跑去問師父，師父給了我答案——這個女人叫林姐，不是我沒注意到她，而是我來這的這幾個月裡，林姐的家裡有事請了長假，回家處理事情去了。她可能是處理好了，才回來上班。

我正想向師父多問一些時，就見林姐從辦公室裡出來牽了自行車準備要走。看到師父時，她走過來打招呼，她倆邊走邊聊，我老老實實地跟在她們屁股後面，順便偷聽她倆的對話。

師父問她：「家裡的事情都安排好了？」林姐沒說話，只是點了點頭。「有什麼需要幫忙的儘管說，別客氣。」她又點了點頭，回頭看向了我。我倆四目相對，眼神裡都透露出了對彼此的好奇。林姐向我師父遞了個眼神，問：「這是哪兒來的小孩啊？」

「殯儀館門口撿的，跟個狗皮膏藥似的黏著我，爸媽也不在身邊，怪可憐的，我就收留了。」聽到師父這麼說，我怎麼感覺自己被罵了，誰是狗皮膏藥呢？林姐打趣道：「也不知道是誰之前被人氣得在辦公室裡罵人，還說死活不收徒弟了，剛說完幾個月又打自己臉了，就不怕這個也把你氣出個好歹？」師父沒接林姐的話，而是要我跟林姐互相認識一下。

她先介紹林姐，說：「跟我們做一樣的工作，但不在同一個工作間裡，你就跟著大家叫她林姐就行。」接著，又向林姐介紹我，說：「這是我最聽話的小徒弟，叫小四就行，有什麼工作都可以找她，既是學習也是訓練。你要是喜歡，可以帶她到妳工作間去。」林姐搖搖頭，說：「不要，家裡有事沒空帶，你自己帶吧！」說完就騎車走了。

看著林姐遠去的背影，我總覺得她雖然沒說什麼話，但這個人肯定不簡單。後來我才知道，林姐原名叫林曼，從師父那論輩份我至少應該叫她林姨，但林姐是單位同事對她的尊稱，我也就跟著大家這麼叫了。

剛開始跟許老大學技術，她沒有馬上就教我，而是買了一些殯葬類的書籍給我看——火化的、法醫的都有。法醫的那本看得我頭皮發麻，我問許老大：「真的有書上那樣的遺體嗎？你見過嗎？」她沒說話。

下午沒事時，她帶我去了殯儀館後面的冷凍室，看暫時寄存在這裡的無人認領的遺體。我又一次頭皮發麻。許老大可能覺得不夠刺激，哪兒有「事故現場」她就帶我去哪兒，看那些慘烈的、腸子流一地的、腦袋摔碎的、捲到大貨車底下沒有人樣的、眼珠子掉出來的、泡腫了長蛆的……看得我噁心反胃，吃著飯就開始嘔吐。

許老大倒了一杯水給我漱口，說：「做這個工作就必須強迫自己適應，你以後也會需要處理這些類似的『複雜遺體』——缺手少腿的需要縫合，腦袋破碎的需要用金屬絲固定，沒了的地方要用東西填補起來，做個假手、假腿也都是有可能的。」

我開始後悔了，想跑。許老大看出了我的心思，激我說：「怕了嗎？不行了就回家吧！」我說：「誰不行了，你一開始就給我看這麼慘烈的誰能受得了，我也得適應一下吧！」她不說話了，向我翻了個白眼。後來，我確實找到了讓自己快速適應的旁門左道。

我們殯儀館的那個院子，一邊是食堂，食堂往後是又黑又臭的廁所，再後面有一個大焚燒爐，外面白裡面黑，是焚燒家屬為逝者準備的紙人、紙馬、紙房子、紙錢之類的地方。另外一邊，往後繞是我們的宿舍，就像農村裡的三間小平房，一間是我們上班消毒、換衣服的工作間，一間是我們大體美容師放工具的房間，剩下一間是宿舍，進門有兩張床，透過窗戶還能看見對面存放骨灰的小屋。

殯儀館簡陋得不成樣，沒有專門的值班室，廁所也在院子裡，半夜出去上廁所沒有燈，天氣又冷，不敢去。我那時候想過，不行就買成人紙尿褲穿上。後來一想還是去吧，我替自己壯膽——鬼應該也不愛上廁所。

最初值班時，我不讓自己睡覺，盡量坐著，能坐多久就坐多久，怕睡著了會做惡夢。在前一年半的學徒時間裡，幾乎每一天，我都夢到各種遺體。一開始是手、腿來抓我，後來是遺體對我說「你把我的衣服扣錯了」，或者「我的眉毛你沒畫好」。我會被嚇醒，心臟怦怦跳，被惡夢折磨得都快不行了，分不清到底是夢還是腦子裡的幻想。一嚇醒我就唸著：「都是假的！都是假的！」

忘記了是從哪一天開始，我突發奇想：反正怎麼都是做惡夢，那好，從今天開始我跟你們（遺體）一塊兒睡，這是最快適應遺體的辦法。但逝者家屬不同意我睡在停屍間，我告訴他們，我在這裡值班是怕有人偷遺體，他們就不再說什麼了。進去之後，我躺在桌子上，墊著書，背對著我隔壁床的遺體。半夜，涼颼颼的，我轉身拿起蓋在遺體上的白布，說：「借我蓋一下。」

我的做法被許老大知道後，她要求我回宿舍睡覺，還說：「我們這裡你是唯一一個敢這麼做的人，我都不敢！」

剛開始睡停屍間時，我不敢看，也睡不著，怕他們突然起來，像電影裡的僵屍那樣，「唭嚓」朝我脖子咬一口。當然了，這都是我的幻想，怎麼可能會發生這種事。就這樣過了好幾個晚上，我每晚能夠睡兩三個小時。

夢裡的手、腿不那麼恐怖了，他們有時還在我腦子裡聚會——打麻將，喝茶。再後來夢見大家成為朋友，有時候還跟我說「謝謝」。也許，是我慢慢強迫自己習慣了。跟遺體睡了一個星期後，我開始放飛自我，早上醒來睡姿四仰八叉的，很少再做惡夢。也不是徹底不做，回家住我反而會做惡夢，可能我們家風水不好吧！

我還創造了另一種方式——跟遺體閒聊。據說人死的時候最後失去的是聽覺，民間也有說法：這時他要是聽到你的話，如果有什麼未了的心願，就會纏著你，要你幫忙解決。

有一晚師父外出，我獨自走進停屍間，正好有好多遺體，我脫口而出：「大家好！」心裡立刻又想不能這麼說，接著剛才的話就圓了一句：「今天晚上我們就在一起了，我不調皮搗蛋，你們也不要嚇我。」

我走過去摸摸這個，摸摸那個，按照順序把他們摸了一遍，邊摸邊跟他們說「你頭髮真好」、「你小手不錯」，正說著呢，猛地聽到一聲「謝謝誇獎」，當時嚇得我魂飛魄散。我循聲一看，師父正在門外看著我。原來她說有事外出，就是故意讓我練膽的。

跟在許老大身邊快半年，她開始正式教我入殮。她告訴我：通常情況下，遺體送到殯儀館後，會有同事先用推車運送到工作間，之後把遺體抬下來放到遺體美容床上。床通常是白鋼做的，上面有蓮蓬頭，可以沖洗遺體。先脫衣服，但隱私部位要擋住。脫好之後就是洗頭、洗澡了，水量要控制好，水太大了，遺體的皮膚會被沖破，水太小了洗不乾淨。

第一課是洗頭髮。許老大先洗一遍示範給我看，然後就讓我操作。但我把蓮蓬頭拿反了，噴了許老大一身水，她也沒生氣，擰了擰衣服要我繼續。頭髮洗好之後，許老大拿個大夾子，夾著碘伏棉球替遺體消毒，接著是沖洗遺體，都沖洗好了之後，再替遺體按摩。

為了緩解屍僵，需要重點按摩一些關節和穴位，讓遺體達到一個放鬆的狀態。與按摩同步進行的是幫遺體敷面膜。這個面膜可不是補水美白的，而是為了上妝更順利。頭髮和身體都洗好、按摩好後，再剪指甲，接著是穿壽衣、襪子、鞋，穿好以後就可以在臉上上妝了。上妝之前，會先為男士刮鬍子。接著根據遺體的情況，用調色盤調出最適合、最自然的皮膚顏色和口紅顏色，再把粉均勻地打在臉上。

接著是抽乾遺體中的血液和空氣，做好防腐。同步必須要做的還有用膠水封住遺體的嘴巴，因為人離世後，嘴裡有一口氣，為了防止火化的時候有氣體排出，發出怪異聲音。最後用推車把遺體推出去，放到冰棺或棺材裡擺正離世姿勢，這一套基礎的入殮就算完成了。

這些只是我們入殮師的工作，除了我們，殯儀館還有火化師、靈車司機、插花師、執賓。

司儀和執賓的區別：司儀是主持葬禮的，執賓是替我們安排工作的。家屬方的一套白事流程都有執賓跟著，該什麼時候送靈、摔盆、起靈、下葬都由執賓指揮。執賓哪兒都去，通常家裡有喪事，大多數找到殯儀館的第一個人就是執賓。

殯葬一條龍裡最早還包括遺體美容，後來取消了。現在的殯葬一條龍是執賓、火化、花圈、風水、壽衣、棺材。

來到殯儀館半年後，我從記筆記、看書、遺體登記、看許老大工作、清潔整理，到現在又多了一個工作——為遺體洗頭髮。但沒有持續太久，很快我接手了職業生涯中的第一個客人——我的外公。

突如其來的告別

二〇一三年十月二十八日，我正式成為許老大的徒弟已經三個半月，今天是我的生日，但一大早我就心煩意亂，不是坐著抖腿，就是用手敲椅子。許老大瞪我一眼，說：「今天過生日，但別想回家，老實在這兒待著，下班我去買一個小蛋糕給你吃，就算過生日了。」

在殯儀館過生日？想想都刺激。但是那天的蛋糕沒吃到，生日也沒過成，而且從此以後，我再也不過生日了。中午，我媽打電話給我，說我外公去世了。我很不高興，沒好氣地跟她說：「什麼話都能胡說嗎，要是想見我可以直接說，怎麼能編這種謊話來騙我呢？」我外公那時候不過六十多歲，身體一直很好，怎麼可能突然去世？肯定是假的。我媽著急了：「你還有沒有良心，你外公從小對你那麼好，給你零用錢，現在去世了你就這個態度？」

我懶得理她，也懶得跟她吵，把電話掛斷了。

父母離婚後，我媽在我生活裡一直是缺席的，我雖不恨她，但和她也不親，有什麼事都不告訴她。她剛離開時，我也想她。之後她嫁人了，去了內蒙古開餐廳。我也跟著她去了，但在那兒待了兩週，她就把我送回奶奶家。她跟奶奶說，我和餐廳裡大我十五歲的廚師談戀愛。我太吃驚了！很久以後，我才懂了，她是為了甩掉我，不讓我待在她那兒才這麼說的。

有空的時候，我會去看外公。我媽那邊的親戚最疼我的就是外公。外公會給我零用錢，會帶我去看花燈、買糖葫蘆、買新衣服。他手巧，我小的時候，他經常親手做玩具哄我，抱著我在他的果園摘蘋果，燉雞給我吃。

我想不通也不願意相信，外公怎麼會去世？我一廂情願地認為，這是我媽為了見我說的又一句謊話罷了。

過了一會兒，我媽又打了幾通電話過來，我都沒有接。看著螢幕上那串號碼，我掛斷並封鎖了她。如果我再次接通這個電話，她不知又要罵我多久，索性不理她了。掛斷電話後，我把手機放到口袋裡去了食堂。但那天的午飯一點都不好吃，我坐在那裡依舊煩悶。我們這個工作，上班時不能玩手機，我自己也怕吵，手機多數時候是靜音狀態，只有吃飯時才會拿出來看看。

當我又把手機掏出來看時，上面有小阿姨打來的好幾通未接電話，我馬上意識到，我不想相信的事可能真的發生了。我趕緊回撥給小阿姨，原來外公真的去世了。

我沒辦法跟小阿姨解釋我這邊的情況，就假裝淡定地說：「跟我說一下殯儀館位置，我抽空回去看看。」說完我都覺得自己很混蛋，對我那麼好的外公去世了，我應該馬上去，什麼叫抽空去看看？

我跟小阿姨剛結束通話，許老大就接了一通電話：有個鎮上的殯儀館需要一位入殮師為兩位老人入殮。

我們這座城市，除了我工作的這間殯儀館，還有許多大大小小的殯儀館，但全市的入殮師就那麼幾個。鎮上或者縣裡如果有人去世，都是家人替逝者穿好衣服送到附近的殯儀館，或者直接在家裡停靈，再送到我們那裡，由我們把遺體的血液抽乾，做好防腐，最後火化。所以我跟師父就是一塊磚，哪裡需要哪裡搬，需要到處跑。

許老大要去的殯儀館和外公停靈的殯儀館是同一個。到達後，我發現這裡很小，院裡正對著的平房裡就是弔唁大廳，左邊是食堂，再左邊是廁所，右邊是一個存放骨灰的屋子，就再沒其他地方了。

環視一圈，跟許老大進了屋。我一眼就看見外公躺在那裡。一瞬間，我的眼中蓄滿了淚水。

我記得有一年夏天，我爸突然告訴我，以後少去外公家。我不知道發生了什麼事，也沒有問。我不去，外公就騎著自行車來看我。他的自行車籃好像哆啦A夢的百寶袋，每次他來，裡面不是餅乾、糖果、薯片、冰棒，就是好看的髮夾和衣服。

後來，我在家裡亂翻，突然一張大白紙落在我臉上。我拿下來一看，上面是我父母的離婚協議。我楞住了，突然明白父親的那句話——他們離婚了，所以不讓我去找外公了。

當時，外公正好帶蘋果來看我。他不認識字，看我拿著紙，以為是我的考卷。外公擦了擦手，問我考了多少分，考得好他獎勵我一百元錢。我對他大吼：「別裝好人了，他們離婚了，說好的不會離婚，為什麼還是離了？你是不是知道他們離婚了，怕我不去找你，所以天天來哄我開心，都是大騙子！」我開始哭個不停。

外公摸著我的頭說，他不是故意騙我的，以後我想去外公家隨時都可以去，不要有顧慮，他也會經常來看我，我想要什麼，他都會滿足我。

十四歲那年，外公給我的零用錢漲到了五十元。但我捨不得花，想存起來買點什麼給他。我一直不知道該買些什麼，外公好像什麼也不缺。沒想到這筆錢直到他去世也沒花掉。

眼淚配合著回憶在眼眶裡含著。我轉念一想，我是來工作的，不能哭，不能丟許老大的臉，又把眼淚硬生生給憋了回去。

許老大跟這家殯儀館的負責人和執賓溝通後，就去負責入殮另一位老先生，而我負責入殮我的外公。因為外公是我的親屬，許老大覺得就算我做得不好，親人們也不會說什麼，算是為我爭取了一個歷練的機會。

進屋後，小阿姨和我媽在那裡坐著，看得出來她們很傷心，眼睛也哭紅了。我對著外公鞠了一躬，打開箱子，戴好帽子、手套，準備開始工作。我媽看見是我，拽著我衣領問：「這是幹嘛，你現在在做這個工作？」在她炮轟般的質問下，我終於不耐煩，對她吼：「能不能別吵了，讓我跟外公安靜地待一會兒不行嗎？」

小阿姨看我生氣了，也可能是怕我媽會動手打我，把我媽拉走了。這間小小的屋子裡，終於只剩我和外公兩個人，我一直想哭又一直努力忍著。

我又一次向外公九十度鞠躬，開始跟他說話：「外公，一直都是你在為我付出，我還沒孝順你呢！」現在唯一能孝順他的方式就是為他入殮。我終於泣不成聲。

這是我第一次入殮。我去撫摸外公的手，一切是那麼不真實，可冰冷的外公又是那麼真實。他青灰色的臉，冷冰冰的。我鬆開外公，有點茫然，突然忘了第一步該做什麼。冷靜了一會兒，我拿出單子，蓋在外公身上，開始了我的工作。

我替外公脫衣服，怕自己哭就開始跟外公說話。我說：「外公我剛學會洗頭，我洗得很好，你是我的第一個客人，你體驗一下，看看舒不舒服。」洗完頭接著替外公洗澡，同時幫他敷了一張面膜。我說：「這是我們單位的熱銷產品，你忙碌了一輩子，這回終於有時間好好享受了。」我自言自語，外公回答不了我，我更想哭了。

洗完澡，我又停下來了，不知道下一步該做什麼。我看了看外公，他的鬍子很長，我拿出剃刀開始替他刮鬍子。我的手一直在抖，怕刮得不好，碰壞了他的遺體。我是提著一口氣，才替外公刮完了鬍子，又剪好了手指甲和腳指甲。

接著我拿出粉餅，替外公化妝。第一次化妝粉撲多了，把自己嗆到了。我確實技術不好，但是外公在我的修飾下，比我剛才看見時要好太多。我用膠水黏住外公的嘴，塗了一個淡淡的口紅，梳了梳頭髮。

按順序替外公穿完衣服——上衣、褲子、襪子、鞋子，我最後一次抱了抱外公，向外公鞠躬，對外公說一路走好。然後和其他工作人員一起把外公放進冰棺裡，擺放好離世姿勢。

因為外婆是基督教信徒，外公的葬禮上並沒有哀樂，答錄機裡播放的是聖經。外公躺在那裡，我又多看了他幾眼。這是我們最後的見面了。

為外公入殮完後，我媽又一次質問我怎麼回事，還說她不同意我做這個工作。一直在我身後的許老大又一次展現了她的脾氣，回應我媽媽：「我都已經開始教她了，你說不同意就不同意啊，要誰呢？從小都不怎麼管她，現在長大了開始管了，不覺得太晚了嗎？」說完就要我收拾東西，準備帶我回殯儀館。小阿姨問我：「明天還來嗎？」我沒說話。

第二天，因為上午要學習，許老大下午才放我去看外公。

第三天，外公要在我們火葬場進行火化，我就在單位等著他。火化後，外公的骨灰被放到了骨灰盒裡。這是我第一次看見自己的親人變成一堆灰，住在那個小小的盒子裡。

我認定自己對外公有虧欠，而且永遠彌補不了。從那天開始，我不再過生日了。

外公去世以後，我拿出我的小鐵盒——這是外公買給我的月餅盒，月餅吃完了，外公給的零用錢被我存在這裡。現在，我把它們兌換成了紙錢、衣服和其他的喪葬用品，還給了外公。我一邊燒，一邊流眼淚，不知道外公是否真的能收到。

我的心也空了，沉浸在悲傷裡。我心裡一邊難受，一邊打退堂鼓：要不就這麼算了吧，不學遺體美容了，因為我真的很怕哪天再突然親手送走一位親人。

於是，學技術的時候我開始心不在焉，師父叫我我總是聽不見。師父看我這樣就生氣。她之前問過我，能不能接受這份工作，我跟她保證過我能，結果卻說話不算數。她看叫我沒反應，就給了我兩個飛腳，要我滾去林姐那裡反省自己。我也沒生氣，只覺得這兩腳是我該得的。

林姐的工作間就在旁邊，我以為林姐沒在裡頭，就乖乖地去那裡反省了。推門進去，林姐正在清潔打掃呢。我和她不熟，也沒話說，就在那兒站著，瞪著兩隻大眼睛看著她。只見她把入殮工具都安排好位置，金屬絲整整齊齊收進工具箱裡，接著開始擦地，室內的地板被她擦得晶亮。

林姐看看我，對著我笑笑，等都整理好、洗完手回來，她從一個紫色布袋裡拿出一大袋牛奶餅乾遞給我，問：「怎麼了？惹許老大生氣了吧！」

我沒有伸手接她的餅乾，只是點點頭，把前因後果說了一遍。

林姐摸了摸我的頭，語氣溫柔地說：「沒事，許老大脾氣不好，就是嘴厲害，人不壞，一會兒她自己消氣了，你跟她認個錯，我再幫你說說情，這件事就過去了。」她又說：「雖然我回來工作有段時間了，沒怎麼認識你，但看的出來你是想好好學藝的。想好好學，就得把狀態調整好，我也聽許老大說了你替外公入殮那天的表現，當時都表現得那麼好了，怎麼回來就退步了？」

我跟林姐說：「我在殯儀館快一年了，每天都看見有人離世，接觸了各種方式離世的人，我雖然不知道他們生前經歷了什麼，但我心裡除了難受、同情，只剩壓抑，其他的也不知道該怎麼表達對死亡的看法了。」

林姐沉默了一會兒，對我說：「有些東西沒辦法教你，隨著年齡和閱歷的增長，慢慢你都會懂的，你就當他們是累了，想好好地睡一覺。」我默默地聽著，似懂非懂。

我還在琢磨林姐的話時，她把餅乾塞進我手裡，拉著我回到我和師父的工作間。我說什麼也不進去，林姐問我：「怎麼不進去呢？」我說：「我怕師父沒消氣，進去了會挨揍。」

師父一看是林姐送我回來的，沒再生氣罵我。林姐跟師父說：「我已經唸過她了，她也跟我保證過了以後會好好學。你跟孩子生什麼氣啊，有話好好說。」不知道師父是不愛聽，還是因為我讓她掛不住面子，開始把林姐往外面趕，極其敷衍地說：「知道了，知道了。」

這次和林姐的接觸，給我一種感覺：她和師父是兩個性格截然相反的人。師父神經大條，脾氣暴躁；林姐則心細，溫柔。我很喜歡她，開始找藉口總往她那裡跑。

但每次跑過去，都會被師父抓回來。師父一邊擰我耳朵，一邊訓我：「不好好待著學技術，去林姐那裡搗什麼亂，林姐不好意思說，你自己不知道好歹嗎？」她還放狠話說：「你這麼愛黏著林姐，我去跟林姐說說，讓你去她那跟著她學算了。」

我看看師父，開始抱著她撒嬌，說：「不走，離開你，我還去哪兒找這麼好的師父啊！」許老大掰開我手指頭，推我腦袋瓜子，叫我滾蛋。

就像林姐說的那樣，自從我替外公入殮以後，許老大對我說話和教我的態度有了不少轉變——用粉上妝，我做得不好，許老大就抓著我的手，一步一步講解給我聽。平常晚上值夜班沒事的時候，她就躺在遺體美容床上讓我練習。這些都好學，我覺得難的是書本裡的那些知識。

可是沒過多久，我倆又爆發了更嚴重的衝突。

起因是，有一次我在幫許老大做事的時候，忘記把遺體的嘴用膠水黏上了。許老大對著我就是一頓罵，我當時就不高興了，對她翻了個白眼說：「我又不是故意的。」聽完這話，許老大情緒徹底失控了，甩了我一巴掌，說：「你要是這個態度就滾蛋！」

我脾氣也上來了，對著她平常坐的椅子就是一腳，說：「滾就滾，我還不學了呢，動不動就罵，動不動就打。我在家都沒人打我，跟你以後沒事就打我，我也受夠了。」許老大被我氣得不行。

我「哐噹」摔門走了，走出殯儀館院門又往市區方向走。當時是冬天，晚上我沒有吃飯，肚裡沒有食物，越走越冷。我哭了，後悔了，摸著被她搧得火辣辣的臉，開始往回走。回到殯儀館，我看許老大不在工作間，就去後面的宿舍找她。

路上遇到了林姐，她看見我就說：「回來了啊，去哄哄你師父吧，她打完你也後悔了，出去找你沒找到，正在裡面喝悶酒呢！」我趕到宿舍，推門進去，看她正吃著小碟子裡的花生米，裡面還有一個雞蛋，滋溜滋溜地喝白酒。我走進去摸了一下酒杯，說：「師父，酒涼了，我幫你熱熱吧！」

許老大看我一眼，冷漠地說了一句：「不滾了嗎？」我說：「這不又滾回來了嗎。」我抱著她，拿腦袋蹭她，說：「師父，我錯了，不該頂嘴的，更不該對你那麼說話，離開你，我就沒有這麼好的師父了。」許老大拿起雞蛋，對著打我的臉上滾了滾，說：「打痛了吧！」還問我恨不恨她。

我嬉皮笑臉地說了一句：「是滿痛的，但我不恨你，我知道你是為我好，是我自己不爭氣。」許老大說：「看看你這個沒心沒肺的傻樣！」我又問她：「聽說你剛才去找我了？」許老大像個小孩似的，頭一扭，說：「我才沒找你呢，你走了才好，這樣我就不用教你了，還省事了呢。」我「吧唧」親了她一口，去食堂弄了一些熱水幫她熱白酒。

大半年接觸下來，我對師父其實不算了解。我只知道她姓許，四十歲，脾氣不好，愛喝小酒，會抽菸但抽得不多，不怎麼愛理人，其他都是空白。

我並不知道，後來我們會成為彼此最親的人。

我師父是許老大

新的一年來臨，這一年的殯葬師初級職業證照考試也開始了。我報考了好幾次，但都沒及格。一是因為我缺乏專業知識，二是因為我還沒有開始學複雜的遺體美容，以至於考試的很多內容我都不會。

幾次考試失敗，我更努力學習了。白天磨著許老大躺在遺體美容床上給我練手，晚上熬夜看書。許老大心疼我，買了一箱牛奶給我，還半夜去食堂偷雞蛋、偷肉給我補身體，又買了一罐核桃給我補腦。最後，我終於把證照考到手了。我卻一點也開心不起來，感覺被騙了——人家的證書都是一本的，為什麼我的就一張像介紹信的紙？但是後來想想，這張紙也證明了我的努力沒有白費。

許老大為了讓我更快地掌握基礎入殮技術，經常脫光衣服躺在遺體美容床上讓我練習。有一次，我一邊替她沖澡，她一邊隨時告訴我水流力度是大了還是小了。我說：「師父啊，你不能都體驗完了再講評嗎？總這麼說話我習慣了，以後他們不說話我心裡怎麼想？」許老大覺得有道理，就不說話了，等整個流程操作完，再告訴我差在哪裡。

我掌握了基礎入殮技術後，許老大就放手讓我單獨為陌生遺體做全套入殮服務了。於是，我遇到了職業生涯裡的第二位客人。

雖然是我的第二位客人，但我對他和對外公不一樣，沒辦法像替外公入殮的時候那麼放鬆、專注。

那天，送來的逝者特別多，師父和林姐都各自有入殮工作。她們忙完站在門口聊天，就看見我背著工具箱，撅著屁股走進工作間。

我向逝者鞠完躬，準備開始做入殮。我捏著蘭花指，小心翼翼地拽著逝者衣服把他的手臂提起來，大氣都不敢出。許老大透過窗戶看見，差點沒氣死，過來朝我腦袋就打了一下，問我：「幹什麼呢？」她這一句話吼醒了我。我心裡暗想，這一年多的時間裡我吐了多少次，練了多少次，死記硬背那麼多書裡的知識，怎麼真到上戰場的時候卻跟個膽小鬼似的。

我深吸一口氣，告訴自己別緊張。緊張情緒緩和了之後，我又向逝者鞠了一躬，開始像替外公入殮時那樣為他服務，洗頭的時候問他：「水溫可以嗎，是涼了還是熱了？按摩的力道呢，是下手重了還是輕了？」我知道他不會回答我，但這樣會讓我心裡的壓力小很多。從這天開始我跟我的每一位新客人都會這樣溝通。

忙碌完吃飯時，林姐和許老大就開始嘲笑我。因為那時候我很瘦，工具箱是個木頭箱子，不裝工具都很重，裝了工具就更沉了。我背著箱子走路費力，林姐看到之後說我「屁股一撅一撅的，像隻唐老鴨」。然後，她又看見我進工作間後箱子還沒放下就先鞠躬，就跟我師父說：「像不像按摩師，您好三十八號技師為您服務。」說完兩人哈哈大笑起來。

我能單獨做基礎的入殮服務以後，許老大開始教我複雜的入殮技術。實在沒有可以練習的遺體時，許老大就買好幾斤豬肉，把這些豬肉劃的全是刀口，讓我再用針線把刀口縫合好。我經常縫得扭扭歪歪的，有的地方還沒縫上，而許老大縫完只會留個非常淡的疤。她用剪刀把我的縫合線剪開，讓我重新縫。不斷地找豬肉讓我反覆練習，但是縫合效果一直都不怎麼理想。

還沒準備好，實操的機會就來了。館裡接收了一具腦漿都摔出來的逝者遺體。儘管在這之前我見過那麼多遺體了，但看到這個我還是差點吐了。許老大先讓我看她是怎麼處理的——先把傷口處洗乾淨，用碘伏棉球消毒，再在傷口處做腦部縫合。

等許老大處理完了，我高高興興地去食堂吃飯，結果食堂中午做了豆腐腦，我想起了腦漿，瞬間就吐了。

許老大看我這樣，親自下廚為我炒了幾道菜。我第一次吃她炒的菜，還滿好吃的。吃完，她拍了拍我：「學會接受吧，不接受以後怎麼做事。」這件事之後，每次我處理複雜遺體，她都會先去食堂看看有沒有豆腐腦或者相近的菜，有的話她都會單獨替我做幾道別的菜。

經過這些，我感覺她對我又不一樣了——開始真正接受我了。

那天，館裡送來了兩具被燒焦的逝者遺體，有一股烤牛肉烤焦的味道，很不好聞。這是一對母女，媽媽在家為上國中的女兒做飯時，瓦斯突然爆炸引發了火災，母女二人當場死亡。

遺體送來時，我們已經下班了，誰來為母女倆入殮成了一個問題。許老大出去小酌了，其他同事也幾乎都走了。我才學了一年，根本不可能安排我做。剩下一個同事小周，有四年經驗。但他這人最大的特色就是懶，怕做複雜的工作，怕處理不好家屬找麻煩。很多同事都覺得他很煩，也有的同事想不通，他怕這怕那的怎麼還能做這行呢？我也覺得煩，覺得他一個大男人還不如我一個小女生呢。

果然，小周看到這兩具遺體，想也沒想就說怕做不好，開始推脫。館長氣得一直瞪他，眼珠子都快瞪爆了，拍桌子叫他滾蛋。我還是頭一次看見館長發這麼大脾氣，最後館長要執賓打電話給許老大。許老大很快就回來了，沒說話也沒表情地進了工作間。許老大工作一直都這樣，不多說話，安排多少事她都不抱怨。

看了這兩具遺體的情況，許老大示意我幫忙打下手。我開始準備消毒棉球、鑷子、針線、刷子、調色盤等工具，調出最接近兩位逝者身體的顏色。

許老大要我先把能剪下來的衣服全剪下來，不能剪下來的就放著。幫許老大都準備好了後，我準備離開工作間，許老大沒好氣地問我：「去哪兒啊，這麼好的機會不學，什麼時候才要學？」我只好站在許老大對面，看著她把兩位逝者沖洗乾淨。

許老大先處理女孩的遺體。女孩的臉燒得黑黑的，幾乎沒有皮。她先拿出一塊矽膠皮，裁成臉的大小，再用一個臉型模具倒出一個有鼻子有眼的「臉皮」。隨後，她先用針線把「臉皮」貼著肉緊密地縫合在臉上，再把女孩頭髮放下來遮著縫合處，臉基本上就看不出縫合痕跡了。接下來，許老大開始替女孩畫眉毛、鼻子和嘴，將近一個小時後，女孩的臉終於完成了。

接著許老大開始處理媽媽的遺體：清洗、縫合、化妝。人死後血液不會流動，但如果有傷口會排出血液，直到凝固，這也是為什麼人死後會呈現青紫色和屍斑。

許老大處理完遺體已經是深夜，她雖然看起來粗暴蠻橫，但她對逝者和家屬尤其是小孩子有著超出尋常的耐心。家屬對這次的服務也很滿意，一直抓著許老大的手含淚說謝謝。

之前館長還一直擔心許老大喝了酒，會不會眼花手不穩耽誤工作，結果許老大還是做得出奇的好。藉著酒勁，許老大還很得意地說：「這工作難嗎？還非得要我回來，白白浪費我一頓酒。」說完要館長賠她。館長說，現在就賠，帶著許老大去喝酒了。大部分的同事也都回家了，又剩下我自己值夜班了。

身為我的師父，許老大滿煩惱的——如果是在學校，專門的學校裡會有練習的人偶、工具什麼的。但這裡是工作單位，沒有合適的東西給我練。於是她做了一件匪夷所思的事——從情趣用品店採購了兩個充氣娃娃。我看著娃娃和她，沉默了一會兒說：「你怎麼想的呢，這是充氣的啊，一扎是不是就炸了？」許老大也沉默了，把這兩個娃娃扔到焚燒爐裡燒了。隨後，她又買了一個一百五十公分左右的絨毛娃娃，把這個絨毛娃娃開膛破肚，再給我練習。也是苦了這個娃娃了。

練習很快有了用武之地。我認識了一個「新朋友」，也遇到了自己職業生涯裡第一個複雜的遺體處理。那是一位酷愛喝酒的老先生，喝多了還非要騎電動車回家，結果摔死在水溝裡。送到我們殯儀館的時候，半個腦袋都凹進去了，臉也變形了。

我看了看他的創面，有碎骨頭還有其他東西。這一次師父沒進工作間看著我，就剩下我自己面對他。我傻住了，不知道從哪裡下手。最後我選擇了不管腦袋，先幫他沖洗遺體。一邊洗一邊跟他說話：「你呀，是我見過的最髒的一個客人了，喝多了睡一會兒再回家不好嗎？非要急著回家，看把自己摔得多髒啊。」

沖洗完，我開始清理他的腦袋。先是用鑷子小心翼翼夾出碎骨，再把不要的東西吸走。修復腦袋很不容易，我試了好幾次，都不夠立體。最後我只能把他的臉蓋上，推了出去，跟家屬說：「很遺憾修復不了。」家屬還是想修復，要求我再試試。我就又推回去了，但還是修復不好。停靈兩天時間裡，就這麼折騰了好幾回。

看我不會修復，家屬跟館裡反映了情況，要求換一位能處理的，主任就告訴了我師父。師父之前因為有其他事在忙，也沒注意到我的情況，等她了解前因後果之後，就對我說：「你能不能讓我少操點心？用心，用腦子去想解決辦法！」我心虛，不敢頂嘴。

要想盡一切辦法讓腦袋立體起來！思來想去，我決定先用金屬絲固定，再用矽膠皮縫合。說實話，腦袋結構太複雜了，它不像手臂、腿那麼好修復。腦袋裡的血管、血肉、骨頭、腦漿都處理乾淨以後，說是空了吧，其實也沒有，就像一個大洞。最後，我終於把腦袋修復得立體了，就開始學著師父那樣裁剪材料，縫一個腦皮給他。全都做好之後，我看了看，總覺得哪裡怪怪的。後來我才發現沒有頭髮，就用筆替他畫了幾根頭髮。接著，我開始做臉部塌陷整形。可能我確實技術不好，忙了好幾個小時才把臉復原得差不多。

忙了一夜，等我再從工作間出來時，天已經亮了。許老大看我出來了，臉上透著焦急與擔心，趕緊進去看了看我處理的遺體情況，出來時拍了拍我肩膀，滿意地笑了——我第一次看到了她在工作時對我笑。我知道她這是認可我了。

這位老先生也被折騰得不行，冰棺裡睡得好好的，被抬出來處理腦袋，處理不了就被抬進去睡覺，然後又被抬出來，等到處理好了，也差不多要火化了。雖然逝者家屬不滿意投訴了我，但我師父滿意。

這件事教會我做事要認真，要用腦袋、用心，不能總是依賴師父，該學會自己思考處理問題了。這次以後，我基本上就出師了。

許老大不忙的時候，雖然還是會在我背後當監工，看著我工作，但她忙的時候就顧不上我，開始對我徹底放手。出師沒多久，我就挨了職業生涯裡的第一次揍。

那天殯儀館又送來了一位老先生，執賓安排我替老先生入殮。去工作間的路上，我看見了一個人，仔細一看，這不就是之前投訴我的那位逝者家屬嗎？他看見我朝工作間走，就指著我對這位老先生的男家屬說著什麼。然後，這位男家屬就攔住了我，說：「你年紀小，經驗肯定不夠，而且我朋友前幾天在你這遇到處理不好的問題，我拒絕讓你替我家老爺子入殮。」說完就扯著我，不讓我進去。我跟他說：「相信我一次，我會處理得很好。」他不但不聽我說，還推了我一把，罵了一句：「相信個屁！」

我被他推倒，腦袋撞在桌角上擦破皮了。我當時非常生氣，站起來想罵他，但還是忍了下來，嘗試著安撫他。他還是不聽，也不給我說話的機會，一直吵吵嚷嚷著要換人。這引起了其他家屬的注意，他們齊齊看向我，一臉好奇到底是怎麼回事。

許老大見我挨了揍，不高興了，朝著這位男家屬跑來。我怕她脾氣大，會動手，連忙迎上去攔住了她。平復情緒之後，她說了一句：「別人都在忙，我是她師父，你信不過她那就由我處理，讓她配合我，給我打下手，可以吧？」雖然這位男家屬還是不太願意讓我進去，但也退了一步，說：「只要她不碰我家老爺子就行。」

許老大把我帶進工作間，又找出了一塊布，這塊布就是曾經為了防止我偷師遮擋窗戶的那塊，她順手就把布掛在了窗戶那裡。我說：「什麼意思？」她說：「你傻啊，人家說什麼就是什麼嗎？你做你的，看他能怎麼樣。」於是，她就在旁邊看著，讓我處理遺體。

等我處理好遺體準備往外推的時候，發現許老大人不見了。

後來我才知道，她看到那男人準備要去上廁所，就提前跑到男廁所去埋伏了，等那個男人到廁所時，把他嚇唬了一頓，並要求男人向我道歉。男人被她嚇得褲子都沒穿好就出來向我道歉了。

這件事以後，我跟許老大的關係噌的一下就升級了。有一次值夜班的時候，我倆在宿舍床上坐著，她突然問我：「我當你乾媽怎麼樣？」我沒想到她會說出這話，當場愣住了。她看我不說話，就說：「你不願意，就算了」。

「願意，我願意！」我問她：「怎麼突然想當我媽了？」

「為了更方便管你，我覺得媽比師父更有說服力。」她還說：「其實之前我就想女兒、女兒的喊你。」

我覺得「乾媽」不好聽，有人時我叫她「師父」，沒人時我就叫她「媽」。

從那以後，她對我更嚴厲了，管的事更多了，但也對我更用心了。我也開始慢慢發現了許老大身上母性的一面——喜歡替我梳頭髮、紮辮子。

許老大要我把頭髮留長。我每天在工作間拿著一張小椅子，在那乖乖坐著。一開始頭髮短，她幫我紮一半，另一半散著；後來頭髮長了，她買了一整個抽屜五顏六色的髮圈，每天挑一個髮圈，替我紮各種不重複的辮子造型，梳好後還幫我化妝。每次，她都對自己的成果相當滿意，還說：「這才是個女孩子該有的樣子嘛！」

我跟許老大每天都有各種好玩的事情發生。她也經常帶我出門旅行，在我們認識的第一個冬天，她帶我去了她的老家——黑龍江漠河。這次開始，我才真正地了解她的過去。

有一天，外面天氣陰冷，還飄著零星的雪花。我正在屋裡整理工具，許老大在院子裡抽完菸進來，說了一句：「真冷啊，外面好像下雪了。你不出去玩雪啊？」

我隨口回了一句：「哦，也沒多少雪，沒什麼意思。」一聽到這話，她就知道我肯定沒見過真正的大雪是什麼樣的，繼續說：「那如果我帶你換一個地方玩雪呢？」

我沒當回事地回她：「我倒是想去，但最近滿忙的，館長會讓我們休假嗎？」

沒過幾天的一個晚上，我們單位同事和館長都在食堂吃飯，許老大跟館長說：「我想要幾天假帶小四出去轉轉，這半年她老在這裡憋著，怕她憋出問題來。我也想回家看看。」

原來師父來真的，我趕緊接話：「師父，你家在哪啊？」

「漠河啊。」見我有點茫然，她接著說：「哈爾濱，知道嗎？」

我立刻興奮地從椅子上站起來：「那一定要知道的啊，小說裡把那裡說得又美麗又神秘，什麼出馬仙，薩滿教，還有成精的小動物把人迷了吃了，印象最深的就是貓臉老太太。」

許老大聽完我說的話，像看傻子似的看著我。我抓抓頭，不好意思地坐下了，又繼續問她：「我們要去做什麼？」

她說：「帶你去玩雪啊。」

「我們這裡也下雪啊，還要特地回去玩雪？」我接著追問。

「一看就知道你沒見過世面，這裡下的雪跟老家的雪比，不值一提。」說完這話，第二天下午她就帶我去買裝備了。看著許老大買給我的厚棉襖、花花綠綠的大厚棉褲，還有超級厚的帽子、圍脖、雪地靴，我好奇地問：「需要買這麼厚的東西嗎？有那麼冷？」她說：「你身體不好，老是感冒，零下四十度再不多穿點會把你凍死。」東西收拾好以後，我們就出發了。

整個旅程分兩段，先坐六個小時車到哈爾濱，在那兒休息一晚，第二天再換車到漠河。到哈爾濱時，剛下車我就覺得很冷了。沒想到到了漠河，一下車一股涼風直往我身上鑽，害得我一直打噴嚏。許老大笑話我：「看看你的樣子。」

不愧是中國最北端的城市，穿那麼厚我還直發抖。但漠河還不是這場旅行的終點，許老大的家，離漠河還有一段距離，在一個幾乎都沒什麼人的小山村。

到她家的第一天，許老大指著一個牌位告訴我，這次帶我回來的一個非常重要的事情就是祭拜她媽媽，也就是我的太師母。我好奇地問她爸爸呢？許老大沉默了，沒有回答我，就去院子裡了，留我一個人給太師母磕頭上香。第二天早上，她要我先去院子裡玩，自己一個人祭拜太師母。我想她們母女倆應該有話要說，就出去了。

剛打開門，就看到一個製作得有點粗糙的小冰車——原來這就是許老大昨天在院子裡忙了半天的成果，我興奮地跑過去拿起來玩了。因為對這個地方不熟悉，我怕自己走丟，就在家附近轉了轉，沒有走得太遠。

這裡的大雪白茫茫一片，真好看！但我跑出來還有一個目的，就是想看看能不能遇到傻狍子。傻狍子沒見著，反倒先看到了一隻黃鼠狼在雪地裡一跳一跳地，好像是在抓老鼠。

黃鼠狼在東北是個神奇的生物。東北一直流傳著保家仙*的說法。一共有五位仙家，這小傢伙就屬於五仙裡的「黃仙」。傳說裡，祂們是一群愛偷雞吃的小妖怪，非常記仇，得罪祂們了，不死也好不到哪去。

但眼前的這個小傢伙，站起來瞪著兩隻黑得發亮的小眼睛四處看看，顯得十分機

*保家仙：滿洲地區民間信仰當中的神靈，相傳是由相應的動物於深山之中修煉而成。

警、可愛。我實在想不通，牠怎麼能被說成是禍害人的小妖怪呢？如果能養一隻這樣的小妖怪也不錯。

我又四處轉了轉，真的有一隻傻狍子朝著我奔來了，我還以為我看錯了。這傢伙長得憨憨的，像沒有角的鹿，渾身上下透露出傻萌的氣質。嘴裡不知道在吃什麼呢，一邊吃一邊看我，對我充滿了好奇。

我想在包包裡找點吃的給牠，結果包包掉了，小冰車摔了出來，牠被這聲音嚇了一跳，就跑走了。沒一會兒，牠又跑回來，可能是想看看剛才是什麼動靜。這傢伙到底是聰明還是傻呢？

後來，我跟許老大說起傻狍子這個事，許老大說，牠就這樣。以前冬天太冷，家家戶戶都有獵槍，用來打傻狍子，抓住牠們之後把皮扒了，處理好後鋪在炕上睡覺或者做帽子，很暖和。

拿著小冰車往回走，我發現許老大家前方有一條河，河面凍得很結實，我就在上面開心地玩起了冰車。許老大祭拜完太師母，也過來了，看見我玩得正開心。快走到我跟前時，她偷摸捏了一個雪團，「啪」地就糊了我一臉，我還沒反應過來呢，她就在那哈哈大笑。

真是壞透了！我也不甘示弱，也趕緊捏了一個打她。她趕緊躲閃，一邊跑，一邊跟我「略略略」說：「打不著，氣老猴！」看她這樣，我愣了——這還是那個一臉嚴肅冷漠的許老大嗎？

我們在外面瘋了一陣子後，她叫我進屋燒火炕。我傻住了，說：「什麼？我不會啊，我沒幹過農活。」「把柴火往裡面塞，再點火，多簡單。」許老大解釋道。

我開始按照她說的做，不知道是我太笨，還是她家火炕認主人，就是點不著火，氣得我直接趴地上撅起屁股，用嘴吹。許老大看到問我：「祖宗啊，你在幹嘛啊？」我站起來說：「火點不著啊，我用嘴吹呢。」看我蹭了一臉灰，許老大又開始笑了。

後來，許老大把火點著了，還從鄰居老鄉那買了一隻老母雞，又要了一些玉米粉、馬鈴薯，燉雞貼餅子給我吃，本來想燉鵝的，但那家人沒養。燉好之後，問我：「香不香？」我說：「香！」又問我：「熱乎炕，好嗎？」我說：「好，師父也好！」

在許老大家待這兩天，她白天帶我出去玩，晚上也沒閒著，回來一邊喝酒一邊給我講課。躺在熱呼呼的火炕上聽課，我很快就睡著了，迷迷糊糊之中，許老大替我掖了掖被角。

漠河之旅結束了，在回家的列車上，我纏著許老大講故事給我聽，她說：「你想聽什麼，我也不會講故事啊！」我說：「那講講你自己嘛！」許老大沉默了，她的沉默讓我覺得她身上發生的事不簡單。

聽著她的呼吸聲，我抓著她的手，問她：「是不是真心要當我媽？」她說了一句：「放屁！」我說：「那我們母女倆交個心不行嗎？哪有當女兒的，對媽媽的事一點都不知道的？」

許老大被我的話噎住了，說：「你想知道，就讓你知道吧！」

許老大年輕的時候也瘋狂過。

她十五歲離開那個小山村，被她媽媽送去讀書。但她不愛讀書，為了讀書這件事，沒少跟太師母吵架。太師母會算命，她跟許老大說，如果不愛讀書就在家學算命。許老大學得很快，但始終不信，很快就膩了。她想去大興安嶺當一名守林人。

十六歲那年夏天的一個晚上，許老大想趁著太師母睡覺的時候，跑去大興安嶺。但院門鎖著，她沒有鑰匙，就翻牆出去。剛跑出去沒多遠，她就後悔了，因為口袋裡沒錢，只好又翻牆回去了。

我問她為什麼總想往外跑呢？許老大反問我：「你為什麼不愛在家待著，也往外跑？」這回換我沉默了，不知如何作答。

許老大接著講，雖然那次沒跑成，但她打算先從太師母那裡偷點錢，等下一次離家出走。這次，她計畫了幾個月，終於走到了想守護的那片大森林。到了大興安嶺後，她跟我當初一樣，人家不要她，她就黏著人家，還亂動人家的槍，結果差點把自己給殺了。

當地的守林人淳樸善良，最後把她送回了家，並叮嚀太師母，說：「看住她，別讓她亂跑。這也就是我們吧，換作別人，她說不定就要出事了，或者被人賣了什麼的。」我聽了哈哈大笑，說：「誰敢賣你啊？」

許老大接著說，她以為這次離家出走被送回去會挨揍，但太師母沒有揍她，只是好奇：一個小姑娘怎麼就那麼野呢？太師母以為許老大這次會老老實實地在家待著。但很快，許老大又逮到了一個可以離家闖蕩的機會。

有一天，村裡一個在齊齊哈爾開餐廳的老朋友回來了，還到她家串門子。許老大不知怎麼聽說人家要回齊齊哈爾的事，就去求人家把她帶走，但人家沒同意。太師母知道後就問她：「真的想去嗎？」許老大表示：「我能吃苦受累，只要不讓我在家待著，要我做什麼都行。」

我把許老大的故事按了暫停鍵，問她：「家裡怎麼了，你怎麼就待不住呢？還有你爸爸呢，怎麼沒出現在故事裡？」許老大沉默了一會兒，說：「我沒有爸爸，從有記憶以來一直到講故事給你聽的這天，我都沒見過我親生爸爸。我曾問過我媽，我爸在哪兒，她總是淡淡地回我兩個字——死了。有的時候問太多次了，她直接對我吼：『我不給你吃不給你喝了？非打聽你那個死爹幹什麼！』」一直到太師母去世，許老大也不知道她爸爸是誰。她自己有過猜測，可能爸爸、媽媽並沒有結婚就懷了她，媽媽是不忍心才選擇生下了她。

許老大說，她不愛在家待著的原因是受不了她媽媽，我問她：「受不了什麼？」她說，更小的時候，她記憶裡的媽媽，總愛叼著菸捲坐在麻將桌上跟人打麻將。等她再大一點，她媽媽變成了一個神算子，手裡拿著一個鼓，跳著舞，嘴裡叼著菸還念念有詞。直到再大一點，她才明白，媽媽那是「請神」呢。以前的人迷信，附近如果誰家孩子有「邪病」了，都會找太師母看病。有錢的拿錢，沒錢的就拿些糧食或香菸之類的抵帳，太師母也不挑。

但是許老大不怎麼信這些，也不喜歡這些，就想看看小山村外面的世界，所以才想盡一切辦法往外跑。最後，太師母同意她跟那個老朋友走了。

許老大開始了在齊齊哈爾的打工之旅——在一家餐廳做服務生，這是她第一次離開生長的地方，也賺到了她的第一份薪水。許老大當時才十七歲，沒在外闖蕩過，年輕、衝動，不管有什麼事她都喜歡用火爆脾氣解決。因為她單純，也不懂為人處世，所以在餐廳裡一點也不討喜。

餐廳裡有一個廚師就利用許老大沒閱歷，開始有意無意地打聽她家裡的事，還愛說些騷話。許老大知道這人想幹嘛，就沒理他，開始躲著他。我問：「這廚師喜歡你嗎？」許老大說：「提起他就生氣，當時那廚師都三十多歲了，離過婚，頭上沒幾根頭髮還油膩膩的，看見他就噁心。一說騷話，就更噁心了。」

有一次，許老大因為夜裡著了涼，有點發燒。那天餐廳不忙，二樓的包廂幾乎沒人，許老大就想找個包廂休息一下。沒想到進去之後，這個廚師也在，他趁許老大身體虛弱，一把把許老大拉到他懷裡，想有進一步動作。還沒等他動手呢，許老大就先動手了，先是對著他炮轟般的一頓臭罵，接著給了他好幾巴掌，外加一個小擒拿，把廚師都打傻了——他怎麼也想不到一個十七歲的小女生這麼厲害。

我問許老大擒拿跟誰學的，她說：「我媽會點武術，我從小就學，所以對付這樣的人，我還是可以的。」我說：「怪不得每次打我都那麼有力，原因在這呢！」

打完廚師，許老大憋了一肚子氣，她跑著下樓了。店裡的老闆娘和一個服務生問她：「去哪啊？」她直接回一句：「不用你們管。」「啪」地摔門走了。

我問她：「那你走去哪兒了？不幹了嗎？」許老大說：「沒有，我出去轉了好幾圈，最後又回餐廳了。我那時都想好了，那廚師只要再敢碰我，碰一次我就打他一次。」

我又問她：「在餐廳做了多久？」許老大說：「時間不長，打完廚師我也沒痛快，這股火我發洩了好幾天，為客人上菜時態度也不好，客人不滿意，我回擊人家『愛吃不吃，不吃就滾』。」餐廳生意看重的就是服務態度，老闆都看在眼裡，思來想去，最後決定也不給老朋友什麼面子了，直接跟許老大說「回家吧」。薪資則以許老大態度表現不好為由，不打算給她。許老大明白怎麼回事，沒要薪資就走了。

因為手裡沒錢，許老大流浪了好幾天。後來，許老大發現一個理髮店正在招學徒，就又跑去理髮店待著了。在理髮店，許老大天天當人家的助理，兌染膏，點頭哈腰地伺候人，沒待滿一個月她就悄悄走了。

我聽完一直笑，許老大覺得我在笑她，口氣不好地問：「笑什麼？」我說：「你不相信命運？學美髮嫌不想伺候人，結果你現在天天替遺體做美容，這也是伺候『人』的工作，你怎麼就學了？」許老大說：「睡覺吧，以後有空再慢慢跟你說。」

為了聽後續的故事，我開始每天向她獻殷勤，替她燙白酒，炒花生米，端洗腳水。她說我「無事獻殷勤，非奸即盜」。我抓抓頭，有點不好意思。

半夜不忙不累的時候，許老大說：「看你最近表現很好，沒惹我生氣的份上，就接著講給你聽。」她喝了一口白酒，開始了。「從理髮店離開以後，我換了好幾份工作，混了兩年左右。之後的一個秋天，我闖禍了。」她說。

有一天夜裡，許老大和幾個好朋友出去吃飯喝酒，有一桌客人也喝得不少，本來正常喝酒也沒什麼，但那桌客人起身的時候碰了許老大這桌的一個朋友。朋友沒說話，但撞人的卻不高興了，張口就來了一句：「你瞎了啊！」許老大的朋友脾氣好，向對方道了歉。照理說這事也就結束了，結果對方不依不饒，說他們態度不好，沒誠意。這回許老大不高興了，把啤酒瓶子往桌子上一摔，指著人家，問：「你什麼意思啊，是你撞我們，我們都沒說話，還跟你道歉，你還沒完沒了了。」對方看許老大這樣，也都站起來了。許老大直接踹翻桌子，啤酒瓶一扔換成了塑膠凳，打起群架。

許老大說她沒占到什麼便宜，臉被對面一個女人給抓破相了。餐廳老闆報了警，砸了人家餐廳要賠錢，打傷人也得賠錢，許老大沒多少薪水，當地派出所就把太師母叫過去了，討論賠償的事。

我問：「那你臉被抓壞了怎麼算？」許老大說：「什麼也不算，算我吃虧。」太師母把許老大接出了派出所後，還說：「許鳳霞，你這兩年混得真有出息，學會黑社會那一套了，給老許家光宗耀祖了。」

「對了，我本名叫許鳳霞。當時我媽給我取了好幾個名字，最後確定了用這個名字。」許老大補充說。「那為什麼大家叫你老大？」我問她。「因為我是遺體美容這個職位年紀最大的，所以叫老大。」她說。

太師母看她在外面混成這個樣子，又不願意回家，就開始想辦法——把她帶到一個尼姑朋友那裡，想讓許老大跟人家誦經、禮佛、吃齋，消磨一下她這個壞脾氣。但許老大趁太師母跟那位尼姑朋友說話敘舊的工夫又偷偷跑了。

許老大又來到了一個新的城市。到了之後，她哪裡都不認識，該做什麼也不清楚，就開始閒逛。逛到一個公園入口處的時候，她發現公園不大，還有一座小山，就打算上山看看。進去後，看到山頂上好像有座碑，上面還有字，她就順著臺階往上走。剛走到一半的時候，突然看見一個古裝打扮的老頭在那掃地。這老頭盤著長髮，穿個灰色的對襟衣服，衣服很長，風一刮，看起來就像沒有腳的鬼似的在那飄著。

遇到這種情形，正常人的反應應該是頭也不回地趕緊跑，甚至當場嚇暈過去。但許老大做了一個絕對反常的行為，她來了一句：「好你個小鬼，敢嚇唬你姑奶奶！」說完，對這老頭打出了一套天馬流星拳。

老頭立刻喊：「停手，別揍了。」許老大根本聽不進去，繼續打。老頭扯開喉嚨喊：「我是人！活人！我還是熱的呢！不信你摸摸看。」許老大這才停手。但她沒搭理老頭，也沒跟人家道歉，繼續往臺階深處走。老頭跟著她，邊走邊說：「不用上去了，這上面是一個烈士陵園，現在還沒到開放的日子呢，你改天再來。」老大不理他，老頭可能是怕再挨一頓揍，就不再說了，只是默默跟在後面。

走著走著，前面有個大鐵門，進去之後是烈士墓，許老大這才發現老頭說的是真的，這確實是個烈士陵園。烈士墓後面還有一個小亭子，玻璃窗上貼了一張紙，上面寫著：招聘打更人。許老大指著那張紙就問老頭：「什麼意思？」老頭趕緊解釋：「招一個值夜班的，跟我替班，也沒什麼要求，就是不能待幾天就走了。」許老大正想找個工作呢，直接問了一句：「我今天晚上上班可以嗎？」老頭說：「不行，得明天主管來才能決定。」於是當晚，許老大就直接在院子裡躺著睡了一宿，老頭在警衛亭裡看守她一夜。

第二天早上主管來了，老頭把許老大的情況跟主管說了，但主管沒看上她。說許老大是個女生，年紀還小，打更這工作主要是上年紀的人的選擇。後來考慮再三，才決定讓許老大待一個晚上試試，可以的話就留下她，但是薪水很低。

烈士陵園沒有什麼事，基本上就是打掃環境，晚上的時候她就披著衣服，拿著手電筒巡邏一圈。這次，許老大居然在烈士陵園待住了，而且一待就是十年，從一個二十歲的小姑娘變成了三十歲的老姑娘。

我問過許老大：「你就一直在烈士陵園裡待著嗎，沒回家看看，也沒談婚論嫁嗎？」許老大抿了一口酒，說我：「拿手電筒去巡邏一圈吧，剩下的等會兒再說。」我巡邏完回來，看著許老大低著頭，手裡捏著酒杯，再用力一點，杯子都要被她捏碎了。我好奇她想起什麼傷心往事了，會有這樣的情緒。

許老大接著說：「我沒事時，也會回家看看，但有的時候，回去了看到的大部分還是我媽在給人看『邪病』，屋子裡供著保家仙的牌位，濃重的香火味，而且我跟我媽說沒兩句話，就會吵起來。」我問她：「你是離婚以後來這邊的嗎？」我也不知道怎麼突然說了這麼一句話。

許老大看著我笑，摸摸我的頭說：「傻女兒啊，你媽我就沒結過婚。」我追問道：「那你沒談過戀愛，就一直自己一個人？」她說：「那倒沒有，我年輕時候也談過戀愛。」

在烈士陵園的時候，許老大認識了一個長得像劉德華的帥氣男人。這男人家裡兄弟兩人，他是老二，在一個工廠上班，大哥在當兵。當時，這男人在公園裡散心，偶遇了許老大。男人佩服她一個女孩做這份工作，不忙的時候，總去山上看她。還騎著他的小摩托車，接許老大出去玩。晚上許老大值夜班的時候，他還送晚飯給許老大。幾次下來兩個人熟悉了，自然而然就走到了一起。

沒多久，男人家裡知道了他們倆的事，想見見許老大，如果可以的話打算讓他們結婚。交往了一年左右，男人就把許老大帶回了家。在男人的家裡，許老大從一個女孩變成了一個女人。但第一次見面，他們鬧得很不愉快。

男人的家人問許老大對結婚有什麼要求，許老大支支吾吾地說不清楚。他們接著又問了許老大的工作，一聽許老大在陵園工作，問她有沒有換工作的打算，她表示沒有，他們當時就變了臉色。

後來，許老大聽說男人家人沒看上她，就提出分手，但男人不同意，還問許老大什麼時候帶他回她家看看。許老大心裡想：你家沒有一個人認同我，我帶你回什麼家。但她還是和男人斷斷續續地交往了十年，這十年裡許老大提過結婚，後來又去了男方家裡幾次，但男人家裡都是不同意的態度。

我追問：「那個年代，能交往十年不結婚的情況很少吧？」許老大說：「是，所以我就提了分手，可是分開一段時間又會和好。」我追問：「最後因為什麼徹底分開的？」許老大說：「他騙了我，有一次他說回去應付家裡的相親，但這一去就沒消息了。我也不是傻子，知道是怎麼回事。」最後，許老大在兩個人共同的好友那裡知道了男人結婚的消息。我也曾問過她更細節的一些事，但許老大不願意提。我想這應該是她心裡最重的傷疤了吧。

我問許老大：「恨他嗎？」許老大說：「一開始恨過，沒有他，我可能結婚了，有孩子了。」說到這，許老大問我：「知道為什麼我後來同意收你這個徒弟嗎？」我歪著頭看向她，表示自己不知道。許老大說：「有兩種說法，一種呢，迷信來講，你跟我有緣分，命裡注定的；還有一種呢，就是我也滿孤獨的，什麼都沒有了，直到在殯儀館門口看見了你。」

「一開始不要你，是因為我沒什麼見識，覺得你好好讀書比較重要，後來看你身上不服輸的勁兒，有我年輕時的影子，慢慢認識以後，我覺得你這個孩子還不錯。我一直都幻想自己結婚，然後生個漂亮的女兒。」思來想去許老大才做出那個決定，認我這個女兒，讓我跟她有個伴，以後百年了，能有個給她養老送終的人。我說：「就算你不認我做女兒，我也會給你養老送終的。」她摸摸我的頭，說：「你就嘴甜。」

許老大的愛情結束沒多久，老家傳來了一個噩耗——太師母要不行了。許老大請假到家的時候，太師母對她只說了句「你回來了啊」，就咽氣了。說到這裡，許老大狠狠灌下一口白酒。可能灌猛了，酒灑了，她用手一擦，看著我說：「明白嗎？我沒有媽媽了，再也沒有媽媽了。」她哭了，這是我第一次看見她哭。

我過去抱住了她，她邊哭邊說：「我很後悔，年輕的時候，我媽那麼想要我回家，可是我嫌她裝神弄鬼的，又愛嘮叨，就一直躲著不回家。現在我想回家，她卻不在了。」我心裡也很難受，也灌了一口白酒，跟著她一起哭。最後，我們母女倆抱著頭哭。等她哭夠了，問我：「你哭什麼？」我說：「你想你媽，我想我外公，你沒有媽媽了還有我這個女兒，你並不孤單。」

處理完太師母的後事，許老大就回去繼續看守那一片墓地了。但沒過多久，上面下來了指令，說許老大工作的這個陵園沒有烈士，是個假的，她也就光榮的結束這份工作了。聽到這裡，我又笑得不行，說：「不愧是你啊，真厲害，烈士陵園都能被你看不見了。」

這次，許老大真的回家了，她拿起了太師母那套用具，開始在村裡學著太師母的樣子給人看「邪病」。也是在那段時間裡，她學會了抽菸喝酒。我想，她選擇回家可能是為了彌補對太師母的虧欠吧。

在家待的時間長了之後，許老大又覺得沒什麼意思，就想著要去哪裡找個工作做。想了很久，她覺得既然烈士陵園回不去了，就去別的墓地打更。於是，找著找著，就到了火葬場。聽到這裡，我就懂了：「你是從那時候開始跟師父學手藝的，就像我跟著你這樣。」但她說：「不是，一開始在火葬場，我跟一群老娘們……」

我打斷她：「說話能不能好聽點，婦女行不行，總說人家是老娘們。」她學我吐舌頭，抓抓頭，說：「我習慣了。」然後她改口說：「我跟著那些婦女疊元寶，清潔打掃，這是我一開始的工作。」

後來，在一個葬禮上，她發現家屬會要求為逝者做遺體美容。當時，她根本不知道什麼是遺體美容，十分好奇，就一邊做事一邊偷看，有三位男性遺體美容師替遺體洗澡、按摩、消毒、穿衣服、穿鞋、梳頭髮，還弄了一個調色盤在那畫。她沒看清楚具體是怎麼做的，就看人家在那弄一弄之後，錢就到手了。我奚落她說：「你怎麼看的呢？還沒我會看呢。」

我偷學她的技術，她偷學別人的技術。跟我一樣，許老大偷學人家的技術時也是拿個筆記本記。由於沒師父教，也沒人給她練習，後來她自己覺得行了就算出師了。很快，檢驗她學習成果的機會來了。

有一次，火葬場來了位家屬說要找一個殯葬師替逝者做遺體美容，許老大自告奮勇就去了。沒想到她這服務做得「非常好」——衣服沒穿上，褲子沒提上去，屍僵也沒緩和，妝化得慘不忍睹。挨了頓罵不說，還差點被辭退。當時許老大也搞不懂，「照著看的做的啊，哪裡不對了呢？」

之後，每次有專門的殯葬師來，她就當人家助理，這樣累積了七八年經驗，許老大覺得自己又可以了——可以靠這個手藝在火葬場幹一輩子。但她想太多了，火葬場——單看這幾個字就能看出來——只火化，很少有其他業務，人家沒多餘的錢雇她。許老大火爆脾氣又來了，此處不留爺自有留爺處，她開始尋找能讓她發揮本事的地方。許老大開始全國各地跑，主要的目標就是找火葬場和殯儀館。

她說：「走了一圈才發現，不是每個城市都有遺體美容服務的，這個服務並沒有普及到全國。而且各地風土人情不一樣，殯葬形式也不一樣，南北方的殯葬習俗有很大差異。」而且殯儀館那些人還向她要資格證照，她都沒有。她說，要那破玩意兒有什麼用啊，真正有本事的人從來不需要亂七八糟的東西。

我說：「怪不得前陣子，館長說你一開始工作就是上墳燒報紙糊弄鬼呢，原來原因在這啊。」許老大承認，她剛開始工作也不行，還是單位同事林姐教她，帶她。

提起林姐，我又開始好奇，師父脾氣火爆，林姐性格溫柔，兩個性格截然相反的人怎麼會是師徒呢？我追問師父：「是怎麼認識林姐的？」師父說：「我來這上班的時候，林姐就已經在這了，林姐那個時候看起來就顯老，但沒有這幾年老得快。一開始我也是隨著大家叫她林姐，跟她認識後我才知道，我比她還大兩歲呢。」接著，師父就開始回憶起了她跟林姐那些年的點點滴滴。

我師父剛來的時候，誰也不認識。她是外地來的，在這邊沒有親人，整個殯儀館就屬林姐對她最熱心，不但買盥洗用品給她，還替她換了新的被褥、枕頭、床單和被單。

見我師父替遺體化妝化得不好看，林姐就開始教她。但她倆完全沒有默契，我師父大剌剌，粗心，工作覺得差不多就行；林姐心細，總是愛抓一些細節，她總會提醒我師父沒做到的地方。

我師父一開始覺得她很煩，覺得這人很矯情，總不給林姐好臉色看，丟下一句「知道了」就想把事敷衍過去。換作別人，看我師父這樣，肯定不理她了，愛做什麼就做什麼吧，還有可能跟她起衝突。但林姐沒有，她不管師父愛不愛聽，該說繼續說，也不生氣。看林姐這樣，我師父也不好意思發脾氣了。慢慢地，每次事情做完，都先問林姐還有什麼錯誤，沒有她才把遺體推出去。

但林姐也有生我師父氣的時候，比如清潔打掃這方面。師父粗心，收拾得不乾淨，有時候工作完不洗手就去食堂吃飯，林姐就開始碎念要她洗手。一開始，林姐對師父敷衍清潔的事生氣會說，後來發現沒什麼用，只好自己再整理一遍。

就這樣，兩個性格不同的女人，一直在磨合。慢慢互相配合著工作，我師父也開始講究起來，工作不合格的地方都被林姐改過來了。等我來到殯儀館後，隨著深入了解，我發現林姐是我見過最苦命卻又是最堅強的女人，也是最特殊的入殮師。

守在生命的終點

二〇一四年開春，林姐的丈夫因為肝硬化去世了。林姐丈夫工作的地方打算安排一個私人火葬場替他入殮火化，但林姐不同意，說自己就是入殮師。在她的一再堅持下，丈夫的遺體終於留在了自己工作的火葬場。

去世的人要開具死亡證明和火化證明，殯儀館的同事包括師父，都提議讓林姐先去除戶、開立證明，我們為她丈夫入殮，但是林姐沒答應，她說要親自為丈夫入殮。那天，林姐辦完手續已經是下午了，回來時還帶了一個紫色布袋，鼓鼓的，裡面裝著入殮要用到的毛巾和壽衣，隨後就走進了工作間。

我和師父跟著進去了，想看看有什麼可以幫她的，但林姐拒絕了，說：「讓我自己陪著他可以嗎？」我跟師父沒說話，在她工作間的門口站著看她獨自忙碌，一邊一個，像兩個門神似的。

林姐拿盆子接了一盆溫水回來，又拿出單次用的被單，蓋在她丈夫的隱私部位，然後把她丈夫的上衣、褲子都脫了下來。接著林姐拿出小布袋裡的毛巾——她丈夫生前用過的，用毛巾沾著溫水一點點地替他擦拭身體。這個動作看得我有點疑惑，我問師父：「毛巾那麼硬，這麼做不會刮掉皮膚嗎？」師父說：「不會，手輕點就行，但如果是用力搓那肯定會。」

林姐一邊替丈夫洗澡，一邊聊天，就好像他們兩個下班了，在家閒話家常。林姐一會兒問他這屋裡冷不冷，一會兒又問他洗澡水會不會太涼。身體擦洗好後，林姐開始消毒，之後給丈夫按摩放鬆，還說：「我剛學這行的時候，你經常讓我練習，慢慢地我也習慣了每天回家替你按摩。」林姐一邊說話一邊回憶，似乎還在笑，一臉幸福。看著這一幕，我的眼淚直打轉，而師父早已不忍再看，悲傷地蹲在地上。

按摩完了，林姐替丈夫刮臉，穿衣服，穿鞋。每一個步驟，每一句話，都透露著她的耐心與溫柔。我在心裡佩服她，覺得她十分堅強，手不抖，眼不紅。但是，她做著做著就不對勁了，慢慢地蹲到了地上，頭埋在膝蓋裡，身體開始抽搐。

我和師父發現她忍不住哭了，趕緊衝進屋裡，想把她拉起來找個椅子給她坐。師父一邊安慰她，一邊安排我幫她把剩下的服務完成。我戴上手套、口罩，剛準備開始，林姐不讓我碰，說：「讓我休息一下，我要自己來，剩下這最後一程了，我要陪著他走完，親自送他走。」

全套服務做完後，林姐打算一切從簡，不想讓丈夫生前的同事來，也不想通知家裡親戚。但她還是想照規矩停靈三天，想多陪陪他，多看看他，火化以後就再也見不到了。師父勸她：「還是得通知，要照顧一下親朋好友的情緒，這樣也可以收點白包，畢竟家裡還有老人、孩子，處處需要用錢，我們都是俗人，不能免俗。」林姐聽了師父的話，單位裡每個同事都給林姐了最少五百元的白包，像我師父還有跟她關係特別好的朋友，包了一千元，都是大家的心意。

林姐丈夫火化那天，林姐雖然表面無所謂，但剩她自己一個人的時候，她會偷偷地哭。大家給她的錢，她也沒要，把錢壓在了大家便當盒底下還給了大家。我突然心疼她，想找她聊聊，可是聊什麼？怎麼聊？我有點煩惱，怕自己的唐突會貿然揭開她剛要長好的疤，讓她又痛一次。

在這之後，我常去她工作間的門口閒晃，她看見我總是問我：「怎麼了，是有事嗎？還是你師父需要幫忙？」我不知道該怎麼開口，搓了搓衣角，說：「沒事，你忙。」就跑回師父的工作間了。林姐心裡大概也很疑惑吧，她猜不出來我想要幹什麼，所以也沒理我。就這麼晃著晃著到了夏天，我依舊沒找到話題和突破口，直到有一天突然有了意外收穫。

那天下午吃完飯，我又跑到林姐工作間門口閒晃了。林姐可能習慣了我沒事就來，也不問我要幹什麼，而是對我笑笑，朝我招手，拍拍椅子示意我進她屋裡坐，跟我說：「等我一會兒洗完手拿餅乾給你吃。」

我乖巧地點點頭，但沒朝著椅子去，而是在她屋裡來回逛。我的目的很簡單，就想趁這個下午沒事跟她談談心。我正到處轉著呢，突然在工具車靠著的牆角縫隙裡看見一個綠得發黑的東西，細細長長的。我腦袋裡第一反應是蛇，本能反應，尖叫了一聲。

這一叫嚇壞林姐了，她問我：「怎麼了？」我說：「牆角……牆角那裡有條蛇。」「不可能啊！」林姐說。她愛乾淨，室內經常消毒，連隻小蟲子都沒有，怎麼會有蛇呢？林姐往我指的牆角走去，觀察了一會兒，把手伸了進去。我趕緊把眼睛捂上，但又好奇地透過手指縫偷看。

林姐看我這樣，過來拍拍我，說：「別怕，不是蛇，你自己仔細看看那是什麼。」說完，她從背後拿出一根翠綠色的竹笛，原來不是蛇。我問林姐笛子是誰的，她笑笑說：「當然是我的啦！」我爆出一聲驚呼：「哇，林姐你還會吹笛子啊？」林姐說：「當然會啦！」

我開始諂媚，向她撒嬌，說我不想吃餅乾了，想聽林姐吹笛子。林姐猶豫了一會兒，看了看牆上的鐘，跟我說：「還有時間，那我們就去後院待一會兒吧！」

後院下午幾乎沒有人，林姐背對著我吹起了笛子，有風吹過她的頭髮，背影看上去是那麼的優雅，我也聽得陶醉。

吹完笛子以後，我藉著這個理由開始問林姐：「笛子是誰教你的，我可以跟他交個朋友嗎？」林姐說我：「怎麼越來越沒大沒小呢！」我沒說話，好一會兒我開口說了這麼一句：「什麼事你都自己扛著，不累嗎？」我心疼她，很多事我想問她，又不敢問，不知道該怎麼開口，怕傷害她。

林姐看看我，說了句該回家了，就騎著自行車走了。

看著她離開我心想：完了，徹底完了，她以後不會理我了。沒想到過了幾天，林姐主動來我和師父工作的工作間找我，跟師父說：「我有點事找小四，把她借走一下。」師父給我遞了個眼神，我領會了，就跟林姐走了。

來到林姐的工作間，林姐問我想知道什麼呢。我說，我想聽聽她的故事。林姐笑笑，又從她的布袋裡掏出餅乾給我。

林姐是一九七七年生，從她有記憶以來，就在工廠的家屬宿舍裡長大。林姐的父親在世的時候，是工廠辦公室的一個小主任，林姐的母親在鎮上小學教書。那個時候鎮上就只有一個小學，孩子多，老師少，附近村鎮的孩子基本上都在那個小學校念書。

林姐的母親一個人同時教不同年級的孩子上課。除了給孩子們上課，她還會吹笛子給孩子們聽。林姐的笛子就是她母親教的。

林姐說：「我父母結婚的時候，母親什麼都沒要，就要了一根笛子當作聘禮。這根笛子是我父親親手做給我母親的。」林姐回憶說，她兒時都是聽著母親哼唱的小調和笛聲入睡的。遺憾的是，母親因病去世時林姐才十五歲，當時她還不明白死亡是什麼意思，只知道她再也沒有媽媽了。

林姐的父母感情很好，記憶中，林姐很少見到他們吵架。父親非常寵母親，母親隨口一提的小事父親總是放在心上，並認真照辦。逢年過節，父親也會買些新奇的小玩意、首飾或者一束花帶給她和母親。也許正是原生家庭氛圍好，養成了林姐溫柔的性格。

林姐的母親去世後，父親獨自照顧林姐，隨著林姐慢慢長大，她漸漸看出了父親的辛苦，總是勸父親再找一個伴侶。但林姐的父親直到去世都沒有再續弦。林姐問過父親：「為什麼不找，我總有嫁人離家的那天，你一個人在空蕩蕩的房間裡多孤獨？」林姐的父親說：「當年娶你母親回家的時候，我就承諾過她，這輩子生死都要在一起，她先走了，就等於在那邊等著我了，如果我在這邊找了別的女人過，百年以後九泉之下，該怎麼面對她？」林姐一邊聽一邊流眼淚。這樣的感情影響了她日後的愛情觀，也冥冥中成就了她的未來。

二〇〇一年夏天，林姐在父親一個女同事的牽線搭橋下，認識了姐夫。當時，姐夫在工廠裡只是一名普通工人，兩個人相差兩歲。姐夫來自農村，父親很早就去世了，就剩一個母親。姐夫的母親是個很好強的女人，在農村附近的小玻璃廠打零工，再靠做點工藝品和撿破爛賣錢生活。這些錢不僅養活了她自己和姐夫，還存到了供姐夫上大學、娶老婆和給自己養老的錢。姐夫看著母親這麼辛苦，在工廠沒輪班的時候，也會到附近的工地看看有什麼零工可以做。多賺到的錢，他就存起來。姐夫沒有什麼不良嗜好，自己和母親兩個人花費也不多。

林姐和姐夫剛認識的時候，彼此留下的印象是這樣的：在林姐眼裡這個男人長得白白淨淨，看起來很老實，還有一頭羊毛捲，戴大黑框眼鏡，說話文質彬彬；姐夫對林姐的印象是：人很溫柔，個頭也不矮，有點大家閨秀的模樣。第一次見面，兩個人就看中了彼此。

林姐從父親那裡得知姐夫是個大學生，在父親工廠裡工作，家裡情況不太好，但人品好，能吃苦，性格也不錯，如果可以的話，就打算雙方父母見個面，準備張羅兩個人結婚的事。

別看林姐這邊沒什麼意見，但姐夫母親那邊第一次見面就不看好林姐。理由很簡單：林姐是個來自城市的姑娘，嬌生慣養不說，瘦瘦的一看就不好生養，還不會幹農活。不過，雖然她不滿意，但自己兒子喜歡，日子終究是他倆過，最後兩個人的婚事還是定了下來。

林姐說：「我們的婚禮是在農村辦的，非常熱鬧。出嫁那天，我穿粉色的婚紗，戴紅蓋頭，他抱著我下樓，又抱著我下車，婆婆接喜盆。典禮的時候，我和父親都哭了。」辦完婚禮，因為身體的因素，林姐直到兩年後才懷孕。這兩年裡，婆婆沒少抱怨和說酸話，但林姐都沒往心裡去。

孕期裡，林姐一直想像寶寶是什麼樣，有了寶寶以後一家三口的生活又會有什麼樣的變化。但老天爺跟林姐開了個一點都不好笑的玩笑。

生產那天，因為是順產，加上林姐不會用力，導致孩子在生產過程中窒息，一出生就是腦性痲痺。雙方家裡知道以後，都勸他倆把孩子扔了，萬一哪個好心人把孩子撿去了，也算這孩子命好，趁他倆還年輕，林姐再好好休養身體，還能再生一個。這話實際嗎？林姐兩口子再傻，也知道遺棄孩子是犯法的。而且話說回來，不管怎麼說都是自己的孩子，是自己身上掉下來的肉，怎麼能忍心扔了呢？孩子大一點後，林姐和姐夫開始帶著兒子全國各地跑，尋求能治療腦性痲痺的辦法。一次次的努力終究沒白費，兒子已經從基本的溝通，到慢慢學會了自己走路、穿衣服了。就在日子一天天變好，一切都有希望的時候，老天爺又開始捉弄林姐了。

在林姐帶孩子去做復健沒辦法回家的那段時間裡，林姐的父親在工作時突發心肌梗塞去世了。等林姐匆匆趕回家的時候，父親已經在工作單位的安排下火化了，她連父親的最後一面都沒見到，只領到了父親的骨灰。按照父親生前的意願，林姐把父親和母親合葬在一起。

父親的離世對林姐的打擊很大，但她說那段時間她沒空傷心，因為還要工作和照顧孩子。林姐說這話的時候，聲音是哽咽的。我想她不是沒時間傷心，而是她無法接受父親突然離世的消息，只能讓自己忙碌起來，來淡化心裡的悲傷。

我覺得自己做錯了，因為好奇，讓林姐心裡又難過了一遍。我拍了拍她的肩膀，跟她說：「對不起，是我不好。」林姐說：「這麼多年我都沒跟誰說過，說出來心裡的壓力能減輕點。」

既然父親去世時，林姐沒有參與其中，那她又是什麼時候從事的殯葬業呢？我想岔開話題，從家庭問題變成工作問題，就問她：「你是怎麼做起了這份工作的呢，姐夫他們願意嗎？」林姐說：「他是很尊重我的，只要是我喜歡的事情，只要我願意嘗試，他都會無條件地支持我、鼓勵我去做，婆婆就是什麼都不管的態度，我們小倆口好好過日子就行。」在做入殮師之前，林姐繼承了她母親的工作，在小鎮上的小學教書。

林姐說：「我也很喜歡教書這份工作，看著一個個天真可愛的小朋友認真聽課的樣子，心裡就很開心。我有時候就想，如果兒子沒有生病，會不會有一天也坐在那間教室裡認真地聽我講課。」後來，隨著城鎮的發展和學校合併，家長都選擇把孩子送到城裡的小學念書。

林姐說：「那個時候我心裡很難過，班裡原本有五十多個孩子，後來越來越少。每次有家長過來找我，我都知道他們要說什麼，就做了一個噓的手勢，說我知道，不用說了。家長立刻點頭哈腰向我道歉，說不是我教得不好，我只能笑笑說沒事。」

最後，一個孩子都不來了。林姐親自擦了最後一次黑板，拖了最後一次地，站在一個孩子都沒有的教室裡講了最後一次課，親手鎖上教室的門，在校門口跟學校揮手再見，為她的教師生涯畫上了句號。

不教書以後，林姐也不是立刻就轉行到現在的工作。那個時候，她甚至都沒聽說過還有入殮師這個工作。有很長一段時間，林姐在家裡做全職媽媽，帶兒子復健，教兒子說話、穿衣服。

接觸這個行業的契機，是有一次林姐回農村婆婆家參加白事，在門外等著吃喪席的時候，她看見有一群人在替逝者穿衣服、擦身子、戴帽子。林姐頓時就被吸引住了。要知道兩千年初，在我們這個小地方，別說遺體美容師，就連跟殯葬行業有一點關係的職業，從事的人都很少。那個時候，都說只有蹲過監獄的、孤家寡人的才幹這行，好人誰做殯葬這工作？

但林姐很快就萌生出了從事這行的想法。讓她堅定選擇的原因也很純粹，一是她想透過服務逝者來彌補對父母的遺憾，二是她想幫逝者的兒女們盡一份孝心。想法是好的，可是林姐和姐夫都不認識也接觸不到從事殯葬的人，所以她一直都沒有找到機會。

二〇〇六年，林姐的婆婆突然病了，需要人照顧，那時的林姐還沒工作，是照顧婆婆的最佳人選。也正是這次回老家，林姐打開了殯葬業的大門。

在此之前，林姐很少回農村，雖然對婆婆家附近的鄰居都不是很熟悉，但一直對西邊那戶人家很好奇。這戶人家，院牆很高，密不透風，大門還裝飾得像古代王府一樣，有一些奇奇怪怪的符咒和八卦鏡。林姐每次路過這家，大門都是關著的，雖然感覺奇怪，但也沒放在心上。直到有一次又路過時，發現院裡冒煙了。

一開始，林姐以為他家著火了，跑過去一看，好傢伙，只見這位神秘鄰居——男的，在院裡擺個火盆，身著道袍，手持桃木劍，嘴裡振振有詞。看到這一幕，林姐明白了，敢情這位鄰居是個道士。

沒過幾天的一個夜裡，林姐看見這位鄰居開了一輛小麵包車停在門口，從屋裡拿出花圈、紙人以及各式各樣的殯葬用品裝車。林姐心裡在想：這是退貨？不對啊，沒聽說過這東西還能退貨的。她又探頭往院裡看，只見院裡有兩個靈棚，靈棚裡還有各式各樣的金山、銀山（紙糊的，別多想）、小紙人、紙房子。因為之前那次看時院裡有煙，林姐沒看清楚，這回看清楚了，她疑惑了——他不是道士嗎？這些東西又是怎麼回事？

聽到這裡，我也疑惑了，就插了一句嘴：「是啊，難道道士還有副業？」

林姐開始打聽這位道士鄰居，原來這位道士姓于，人們都叫他老于頭。老于頭主要是做殯葬生意，祖傳的行當——紙紮。聽說老于頭有過一些神奇的境遇，是個身懷絕技的高人，村裡誰家有人有點「不舒服」，都會找老于頭看看。

別看老于頭一身本事，沒少賺錢，但他有個一輩子的遺憾，就是沒有孩子。也不是沒有，老于頭跟他妻子剛結婚的時候，妻子懷孕過幾次，但都流產。那個年代，村裡的人觀念都有點落後，老于頭也沒有時間帶他妻子去醫院檢查，所以這件事一直是老于頭心裡的痛。

村裡的人也都說，老于頭做這行業惹上什麼不乾淨的東西了，所以導致他沒孩子。慢慢地這件事就成了村裡的人心照不宣的秘密，當著他的面誰也不提。

在林姐的回憶裡，老于頭是很喜歡孩子的，看到村裡的小孩跑來跑去，總會買些零食、玩具拿過去給他們。有的家長看見了，就立刻把孩子帶走，說老于頭晦氣，要孩子離他遠點，還把老于頭給的東西丟在地上，再踩幾腳，吐個口水。老于頭臉上那個表情總是很難受。因為沒孩子，老于頭的技藝沒人傳承，他心裡著急，生怕失傳了，就想在村裡找一個熟悉的人，收點學費把技藝教出去。結果不用說，誰也不願意學。

林姐聽說了這個事精神都來了。她去找老于頭，說想跟著他學。老于頭看了看林姐，搖搖頭，他不同意。不同意的原因是怕林姐一個女孩子家很難學會，還有就是怕林姐如果還是單身，以後不好找對象；如果有對象還沒結婚，擔心因為學這個婚事再搞砸了。

雖然是住在附近的鄰居，但老于頭幾乎沒有見過林姐。因為老于頭是做白事的，村裡人都嫌棄他晦氣，所以誰家有事也不會請他去，他只能去外頭找工作做，很少在村裡閒晃。而林姐，除了上班就是照顧孩子，也很少回農村。

林姐說：「我結過婚了，孩子都有了，我就是旁邊東院那家的兒媳婦。」她還打起了感情牌：「您不認識我、不了解我，心裡有顧慮，可以理解，但您不認識我公公、婆婆嗎，我公公活著的時候是村裡公認的大好人，看在公公的面子上給我個機會吧。」

老于頭被她磨得沒話說了，只能答應：「你嘴厲害，希望以後真的學了，也能這麼厲害。」

林姐問：「這是同意了？」

老于頭說：「同意，但是你得交八千元學費，畢竟不是自己家人，不可能白教你手藝。」

林姐提了個條件：「學費不能白交，我要知道你會教我什麼。」

老于頭說：「紮紙人、花圈的手藝，還有替逝者穿衣，擦洗身體，縫合身體的手藝。」這就是入殮工作的前身，是最基本的工作。林姐被老于頭的話嚇了一跳，她以為就是學做紙紮，從沒想過還要和遺體打交道，就說要再考慮考慮。

她心裡也是怕的，就和丈夫、婆婆說了這個事。婆婆嘴上說不管，但臉上的表情還是透露著不情願和嫌棄，還好姐夫一直鼓勵她。林姐問姐夫：「你不忌諱我做這個工作嗎？」姐夫屬於無神論者：「我們沒有什麼忌諱，這只是一份工作，什麼工作都需要有人做。」還同意她交這個學費，讓她去嘗試。

我問林姐：「你明明很害怕，是怎麼克服恐懼的？是因為姐夫的勸說，還是其他原因？」林姐要我接著聽她講下去。

在姐夫的鼓勵下，林姐交了學費，開始跟著老于頭學習。因為沒有經驗，也缺乏對殯葬行業的知識，學了差不多將近三年。在學做紙紮的日子裡，林姐每天面對的都是紙和紮花圈用的骨架以及假花。那個時候沒有鮮花做的花圈，鮮花謝得太快，還沒賣出去就枯萎了，就用假花做花圈。

假花可以批發也可以自己做，為了省錢，林姐又多了一個工作，就是自己做假花。這個過程很辛苦，林姐手上經常磨得全是血泡，還有紮花時被鐵絲扎的洞。

我問她：「痛嗎？」她說：「痛是肯定的，但是結了繭就好了。」我拉住林姐的手，摸到一層厚厚的繭。看來林姐是下了很大決心、吃了不少苦才學下來的。

相較於學做紙紮的無聊和枯燥，學做遺體美容十分刺激。

林姐跟老于頭學手藝和我跟師父學手藝，以及在專業學校學手藝是完全不一樣的。專業學校會先給你一個矽膠假人讓你模擬操作，帶你出去見見遺體，我師父對我也是這樣，會先讓你有一個適應和接受的過程。

林姐不一樣，如果有逝者家裡有求幫忙的，她就跟老于頭直接去，說簡單點就是直接面對遺體，直接上手，沒有任何適應和反應的機會，林姐第一次接觸逝者就是這樣的情形。

那天，林姐在院子裡學疊金元寶和紮紙馬，也不知道是手痛還是弄錯了步驟，元寶疊得不成樣，紙馬紮得也不好，氣得老于頭在院子裡直接撕了她的作品：「怎麼這麼笨呢，很簡單的東西怎麼就是弄不好，腦袋裡在想什麼！」老于頭這邊正罵人的時候，那邊院門口進來了一個男人。

林姐不認識他，但老于頭一眼就認出來了，這男人正是村裡一家大戶的兒子，他家承包了一座山，山上種些果樹之類的。男人看見老于頭就說自己父親快要不行了，他提前來買一些喪葬用品，多少錢不在乎，東西不僅要齊全還要最好的，尤其紙紮的東西最好做得逼真一點。男人還塞了一個紅包給老于頭，請老于頭在他父親去世後幫忙擦擦身子、穿個衣服什麼的。

男人走了，林姐和老于頭開始著手張羅給這位老先生的生後用品。正張羅著呢，男人又回來了，請老于頭先過去幫忙穿衣服什麼的，說著就把老于頭往車上拉。老于頭叫他先回去，說等等他把靈棚等東西一併帶過去。男人不走，就在門口等著。老于頭回頭看看林姐，大概想帶她去，但這是林姐第一次接觸逝者，怕她不行，但不帶林姐去又該怎麼教她呢。糾結了半天，老于頭要林姐把壽衣、紙人拿著，跟他去為老先生穿衣服。林姐傻了，但也只能乖乖跟著老于頭去逝者家裡。

雖然都是同一個村的，開車過去也就幾分鐘的路程，但林姐卻感覺像過了一個小時那麼長。一路上，她滿腦子都在想逝者會是什麼樣。當初母親去世的時候，她父親考慮到她還小就沒讓她去，而父親去世時她又沒趕上，所以她也不知道逝去的人是什麼樣的。

林姐說：「當時我心跳過快，手心都在冒汗，不怕別的，就是那種對未知的恐懼。」

很快，林姐就見到了她的第一位顧客，林姐說可能是因為剛咽氣，老先生看起來就像睡著了，也沒她想得那麼可怕。但畢竟是第一次，林姐心裡還是恐懼的，她覺得像掉進了一個黑洞裡，這個黑洞裡只有她跟那位老先生，旁邊老先生的家人、朋友，還有來做喪席的那些人，以及來來往往嘈雜的聲音都被她忽略掉了。

老于頭看她愣住，就一直喊她，可她還是沒反應。這可把老于頭嚇壞了，「啪」給了她一巴掌。這一巴掌把林姐打回了現實。老于頭問她：「想什麼呢，做事啊！」

林姐點了點頭，就開始替逝者脫衣服。除了擦身子這個過程手抖、額頭冒汗，其他都很好，但到穿衣服時出問題了。也不知道是因為太緊張害怕了，還是為老先生準備的壽衣本來就不合身，「刺啦」一聲，林姐把壽衣扯破了。老于頭也很無奈，只能回家又拿了一身壽衣幫著林姐一起替老先生穿上了。

老先生這邊都處理好了，他們師徒倆又抓緊時間回家紮紙、疊元寶，這些東西多半都是老于頭做的，因為那個男的交代了，要求逼真。等把東西送過去的時候，唱二人轉的戲班子也來了，吹拉彈唱很熱鬧。

根據規矩，老先生停靈三天就可以火化了。沒想到把老先生火化完，他兒子不知道從哪弄來一輛車，後車廂的車蓋上和旁邊都穿插貼滿了黃白色的小花，後車廂是打開的，裡面擺放著老先生的骨灰盒和一張被放得超級大的遺照。老先生就這麼被他兒子開車載著又滿村轉了一圈，虛榮心得到了滿足，才被送回去安息。

林姐說顧客中令她印象深刻的，是一位二〇〇八年去世的小女生。她記不清楚小女生叫什麼了，只記得那年剛開春，天氣還很冷，早上她剛到老于頭屋裡正圍著爐子取暖呢，老于頭就接到了一個電話，然後跟她說要去一趟火葬場。

到地方後，林姐發現要服務的顧客是個很漂亮、很時髦的小女生，但是身上布滿被刀捅的傷口，特別是背部。林姐從其他人那裡知道了事情的大概。這女生因為長得好看，有大批的追求者，其中有一個變態，想跟她發展男女朋友關係。女生明確拒絕了，但變態不死心，對她死纏爛打。最終，女生受不了了，不但當著變態的面把他送的花扔了，還給了對方一巴掌，說：「別妄想了，跟誰也不可能跟你。」

結果，變態趁著天黑，偷偷摸摸把她住的那棟樓的一樓和二樓聲控燈的燈泡轉了下來，他藏在二樓樓梯的空隙下。女生晚上回來見燈不亮也沒多想，可還沒等她上樓呢，生命就結束在了樓梯裡。

當時，變態從背後捂住了她的嘴，把她往外拖。女生應該是害怕，出於本能反應用力掙扎。變態怕她鬧得動靜太大，朝她後背瘋狂捅刀，傷口有的深有的淺。女生倒下後，他又怕女生沒死喊救命，又在她胸前瘋狂補了幾刀。變態殺了人剛準備走，二樓的一個老太太正好拿著手電筒下樓，結果就看見了倒在血泊中的女生。

老太太被嚇壞了，也可能是因為視力不好，樓梯太黑她沒看見變態，就大喊「殺人了」，這一喊把變態也嚇一跳，他就像殺紅了眼似的，拿刀就要將老太太滅口。還沒等他動手，其他鄰居聽見動靜都跑出來，有人報了警。變態沒跑多遠，就被警察抓住了。

林姐師徒倆開始替這個女生縫合，那個時候不像現在流程這麼複雜，簡單把傷口消個毒，便開始縫合。最後穿衣服、穿鞋，整理儀容。

林姐說，那一年很奇怪，殺人、縱火、車禍、自殺去世的人不少，她跟老于頭時常往殯儀館跑，不誇張地說有時候一天三次。

二〇〇九年，林姐從老于頭那裡出師了，然後就來到了我們現在這個殯儀館。她剛來時，這裡看起來跟倒閉了差不多。室內破破爛爛的，火化大廳的牆皮也脫落了，連個員工宿舍都沒有。後來，大家研究半天，把車棚給拆了，改建成了一個臨時宿舍。天氣好的時候還好，下雨的時候室內總有小蟲子，還有一股霉味。

除了環境不好，所有工作人員加起來不到二十人，對內對外都招聘過，但沒有什麼人來。能來上班的大多數都是單身，什麼也不會，只能在這裡值個夜班，搬搬遺體，替沒人認領的遺體做一下登記。他們願意來的原因很簡單：一個人吃飽全家不餓，在這個地方有吃有住，還有薪水，沒事還能有人說說話，比自己一個人或者去其他地方工作好太多。

剛開始，林姐跟我們殯儀館是合作關係。她在裡面負責替逝者紮花圈、紙人，提供壽衣（壽衣從老于頭那裡拿），賺的錢每個月跟殯儀館四六分成。除此之外，林姐還有了一個大膽的嘗試，就是用鮮花做花圈，現做現賣，但是買的人不算多。後來才知道，其實真花假花都無所謂，沒有人在意。

一年之後，因為有不少人投訴殯葬不人性化、火化不方便等問題，館裡就爭取到了經費，重新修整。修整之後，政府還要求殯儀館的服務更完善，要提高服務品質。館裡實在沒有辦法了，就開始招聘，印了很多廣告，貼在公車站牌上或者電線杆上。但紙不大，字也小，像我這種近視眼不仔細看根本看不清寫了什麼，效果可想而知。只要有打電話來詢問的，館裡就連哄帶騙地把人先騙來工作再說。這就是為什麼我在年紀小、沒有學歷的情況下，還能有一個在這裡學習的機會——因為缺人，只要膽子夠大，想做幹、能做，就可以留下來。

林姐是殯儀館招聘來的第一個入殮師。她說當時被騙得夠慘，當時就只有她自己一個人，忙不過來不說，有緊急送來的遺體，需要喪葬用品的，她還得幫忙跑前跑後。那段時間，家裡的事她都很少照顧，但好在有姐夫支持她，幫她分擔。

後來情況逐漸好起來了，館裡才陸續招聘到四位入殮師，兩男兩女，其中有一個就是我師父。再後來，我師父又陸續收了三個不好學的徒弟，殯儀館裡開始熱鬧起來。慢慢地，殯儀館又添加了執賓、插花師，火化師也增加了一位。

人員增加後，服務也開始升級，像林姐和我師父都會基礎的遺體美容，但不那麼專業，於是開始要求她們兩人像專業人員那樣做服務。

除了基礎的工具，殯儀館裡又添加了現代化的儀器——抽乾血液和空氣用的，還加入了防腐的服務。就這些東西，林姐和我師父摸索了好幾個月。林姐雖然不直接帶我，但她教出了許老大。說起來，我學到的技術，都是林姐教給許老大的。

這次跟林姐聊完，我們很長一段時間都沒有再聊。她要上班、照顧家裡，我也要繼續投入到更忙碌的工作和學習中。

二〇一五年冬天，我遇到一個小男孩，家人為了弄清楚他是怎麼去世的，不惜請法醫解剖鑒定。小男孩被送到了殯儀館時，看起來瘦瘦的，頭髮又黃又稀，身上還有瘀青和菸疤，他叫童童。

童童的父母跟我的一個大哥是朋友，之前我和童童父母就認識，當時我十二歲，童童還在媽媽的肚子裡。沒想到再見到童童，卻是以這種方式。

送童童來的是他的外婆。外婆請法醫驗屍，驗屍報告顯示：身上有多處傷疤，長期飢餓，生前胃裡沒有食物，是營養不良導致的死亡。換句話說，童童生前遭受了虐待，是餓死的。很難想像，這個六歲的孩子在生命最後的時刻經歷了什麼。但我知道，要盡力讓童童走好，於是我就和師父一起替童童做遺體美容。

師父在處理童童身上的菸疤和瘀青時，本來想把身上的菸疤都刮掉，但怕把皮膚弄壞，就選擇了用顏料去遮蓋菸疤，接著又把那些瘀青也都遮蓋了。我跟師父很有默契，都想把童童生前的傷痕遮蓋、傷痛抹去。

我負責把童童青紫色的嘴唇塗上顏色，把他被法醫解剖開的肚子給縫上。但我縫得不好看，縫完之後就像一張做錯的考卷，全是「×」號。接下來就是替童童穿衣服，他的指甲有點長，腳趾縫裡還有泥土，我都處理乾淨了。

「都處理好就火化吧！」童童外婆說這話的時候眼裡全是淚水。「這真是造了孽了。」她走到童童跟前：「寶寶啊，別怪你媽媽，外婆替你媽媽向你道歉，她做這些都不是針對你。也怪外婆，以為你那麼久沒見到媽媽，跟著媽媽你會開心點，沒想到弄成這樣了……外婆對不起你啊！」說完，她又哭了起來。那一刻我心裡非常難受，想過去安慰她，但害怕再提起這些話題會讓她難過，就默默地在一旁陪著她。

因為想弄清楚童童的事，也想知道我印象裡溫柔的李淼——童童的媽媽，為什麼變成了這樣，我私下求家裡大哥好久，要他帶我去戒毒所找李淼，每次十五分鐘，李淼分兩次跟我講了她和童童的悲劇故事。

李淼十七歲那年就從老家跑了出來。剛到城市時，李淼想去餐廳上班，老闆嫌她年紀小不願意雇用她。後來她就去歌廳當服務生，在那裡認識了童童未來的爸爸——劉崇峰。一開始，劉崇峰只跟李淼談戀愛，不想要結婚，後來兩人意外有了童童，就結婚了。結婚後沒幾個月，童童還沒出生，劉崇峰可能是沒做好當父親的準備，就跑了，一跑就是一年多。李淼本來想打掉孩子離婚，但這時童童在肚子裡都八個月了，她不忍心。

童童一歲多時，劉崇峰居然回來了，見打算離婚的李淼軟硬不吃，他就去岳父家裡抽自己巴掌懺悔，說自己不是人，還說自己沒跑，這一年多是賺錢去了，想著賺了錢讓他們母子倆過好日子。兩位老人覺得孩子沒爸爸太可憐，女兒一個人帶大一個孩子太辛苦，最終心軟了。

後來，劉崇峰賺了點錢，就開了一家小旅館，李淼他們一家三口也住了進去，旅館生意很好，足夠維持他們生計。

那幾年我們這裡搞婚外情的、賭博的都愛去這種小旅館。旅館樓上那層沒註冊立案過，如果真出了什麼事，警察查起來，就說旅館和樓上那層都是房東的，自己只租了下面這一層經營旅館。

但這樣的好日子沒過多久，隨著臨檢越來越頻繁，小旅館的生意慢慢變差了，陷入了入不敷出的境地。剛好童童也上幼兒園了，一家人連維持生計都很困難。

後來劉崇峰找了個工作，但去了幾天就嫌累。不久之後，他迷戀上了一個語音聊天室的軟體和一個當時很紅的槍戰遊戲，乾脆不上班了，就在家躺著玩遊戲。沒錢花了就打電話給岳父騙錢儲值遊戲，也不跟李淼說實話。時間長了，誰也不願意過這種日子，夫妻二人就開始吵架爭執。二〇一三年，兩人終於離婚。由於李淼沒有工作，孩子就歸劉崇峰撫養，李淼每個月給孩子五百塊錢生活費。

還沒離婚時，劉崇峰就認識了一個做生意的女人，離婚不到一個星期，他就去外地跟這個女人生活了，幾乎不管童童。後來，乾脆把童童丟給奶奶照顧，一走了之。但奶奶也不喜歡這個孫子，童童連吃塊肉都會被打手。

劉崇峰還四處借高利貸，跟朋友借錢，這些事都是他們離婚後，債主找不到劉崇峰去李淼家鬧時，李淼才知道的。

童童很聰明，偷偷打電話給媽媽，要媽媽去接他回來，後來李淼和劉崇峰商量童童撫養費的事，劉崇峰說：「沒錢，你願意帶就自己帶，別找我，更別找我家其他人。」李淼傻眼了，沒有撫養費，她一個單身且沒有工作的女人能怎麼辦？最後只能把童童託付給自己的媽媽，一個人去北京工作了。有時候，童童幼稚園的學費和日常開銷都是童童外婆出的。

李淼在北京賺不了多少錢，當地物價又貴，用在童童身上就沒剩多少了。這時候有個同事跟她說南方發展機會多，比如大理，能賺大錢，她想也沒想就跟這個同事去了大理。在大理，李淼一樣賺不到什麼錢，她心裡著急又沒別的辦法，這時候同事就勸她去陪酒，說只坐檯不出檯，能賺多一點。李淼一開始拒絕了，覺得再苦再難，自己都不能去做那種事。

有一次，童童突然得了重病要用錢，她拿不出來。在現實面前她不得不低頭，無奈之下她去坐檯了，賺的錢大部分都拿回家給童童治病。

坐檯後沒過多久，李淼遇到了一個差點害死她的男人。這個男人天天去點她的檯，買東西給她，各種攻勢下，李淼就答應跟他在一起了。剛在一起的時候，什麼都是好的，男人還跟李淼回過老家，裝模作樣地對童童好，買好吃的給童童。家人看男人對自己外孫和女兒都好，也就接受了這個準女婿。

二〇一四年冬天，李淼提前下班，到家之後發現男人帶了一個女人在家鬼混。李淼沒跟他鬧，只是要這對狗男女滾出她租的房子。男人開始哄李淼，說是那個女人勾引他的，他喝多了才犯了錯。歷史性的一幕又重演了——像當年的劉崇峰似的，男人跪在地上抽自己巴掌，說自己做錯了，以後不會了。最後，李淼還是心軟了，她覺得自己在那種不好的地方上班，也得有一個能保護自己的男人才行，就選擇了原諒他。但這個一念之差，造成了後面的悲劇。

原來，男人是個癮君子。為了吸毒，他每次都會找像李淼這樣好控制的女人當女友，要她們賺錢供他買毒品。

更過分的是，後來他偷偷找了一個機會，讓李淼在毫不知情的情況下也沾染上了毒品。

隨著毒癮慢慢加重，李淼這才反應過來自己被騙了。她不知道離開了這個男人，還能去哪裡找到毒品，只好對這個男人言聽計從，還把坐檯賺來的錢都用來買毒品，沒有多餘的錢給童童了。

後來，她開始覺得自己這些年太苦太累，漸漸放縱自己，吸得越來越多，坐檯賺的錢已經養不起他們兩個癮君子了。李淼只能開始出檯了，就是為了能換一口毒品。

有一次，李淼得罪了客人，沒拿到錢，男人知道後，動手打她，還說：「你這樣的話，以後還怎麼上班？癮上來就自己看著辦吧！」說完就摔門而去，再也沒露過面。李淼徹底明白——這個男人根本沒愛過她，只不過把她當作一個賺錢工具而已。

她想戒毒，毒癮犯了就拿腦袋撞牆，抓自己，甚至用刀劃自己，但都沒撐過去。最後，李淼又回到了原來上班的地方，想碰碰運氣。有人給她指了一條路——以販養吸。不用她露臉，只要把毒品裝在信封裡或者快遞箱裡，然後送到指定地點，就會有人去取。一次能賺幾千甚至一萬元錢。李淼沒有猶豫。

李淼賺了幾次錢也沒被抓住，膽子開始大了起來，甚至覺得自己有天分。但沒過多久就出事了。當時，李淼得知毒販那邊的一個下線被警方抓獲了，她怕死就跑回東北，還把兒子接回家。

剛開始，沒犯毒癮的時候，李淼對兒子很好。但後來，由於賺的錢不夠她吸，毒癮上來時，她難受得無處發洩，就開始折磨兒子。由於一心想著毒品，兒子有沒有飯吃，她也不在意。

再後來，聽說毒販落網了，李淼害怕被抓，就把童童一個人丟在家裡，自己悄悄跑了。到車站之後，因為神情、舉止怪異，她被送去強制戒毒。但從始至終，她這個當媽媽的，對於家裡還有一個孩子的事隻字未提。

童童外婆本來覺得女兒那麼久沒見孩子，讓他們母子二人好好相處幾天。但後來，女兒的電話怎麼也打不通，她不放心，跑到女兒的住處一看，才發現童童已經沒有了呼吸。

驗屍報告的結果，讓童童外婆沒辦法相信自己的女兒怎麼會對自己身上掉下來的肉，做出這麼不是人的事！替童童入殮時，看著他身上的瘀青和菸疤，我想童童生前的最後幾天，可能是李淼毒癮發作最抓狂、最煎熬的時候。無法想像，李淼是怎麼忍心一次次向童童揮起拳頭的，又是怎麼忍心一次次在童童瘦弱的身軀上燙上菸頭的。童童這個可憐的孩子，除了害怕可能也不知道自己到底做錯了什麼，惹得媽媽突然對他做出這樣的事。媽媽剛回來時，還帶他買新衣服新玩具，帶他去吃漢堡，怎麼現在罵他、打他，還不准他哭？已經好幾天了，媽媽去了哪裡？為什麼讓他自己一個人在家？

我去戒毒所找李淼時，她都不認識我了，想了好久才認出來，說：「這麼多年沒見，你都這麼大了。」她還跟以前一樣瘦瘦的，但是身上自殘的那些疤痕看得我怵目驚心。因為吸毒，她整個人顯得十分憔悴。我勸她把關於毒販的消息都跟警察說，爭取從輕量刑，她一副無所謂的樣子，說：「交不交代也都是等死，不在乎了。」

隨後，她又說：「我恨，恨所有人，恨劉崇峰在我最無助的時候跑了，而我只能生下童童。他離婚後不管童童，如果不是他劉崇峰一家把事情做得太絕，逼得我帶著孩子沒有活路，我都不至於這樣。」我說：「可你做這些之前，還是要為童童考慮一下。」她愣了一下，問我：「是不是童童出事了？」那一刻，我看到她臉上閃過一絲緊張。我只是告訴她：「孩子在醫院打點滴呢，你好好改過向善，會有跟童童團聚的那天。」聽到這裡，她就落淚了，坐在椅子上，沒說話。

我騙了她，怕她知道真相後受到刺激，不配合警察辦案，更怕她在裡面自殺。之後，她先是被判了死刑，後來改成了死刑緩刑。更詳細的事，我就不知道了。

對於李淼，我覺得可氣又可悲，她自己做錯了還把責任推給別人，其實很多事情都在她一念之間。最讓人生氣的是，她虐待童童，怎麼能把自己所有一切的不幸，都賴在孩子身上？童童做錯了什麼？為什麼要承擔這樣的家長不負責任的後果？童童之死背後的極端無情與殘忍，現在想起來還讓我心寒不已。

當然，我不是聖人，也能理解她一個單親母親獨自撫養孩子的辛苦，但她明明有及時改正錯誤的機會，卻還是偏執地選擇了錯誤的道路。

比起童童，林姐的兒子是幸運的，雖然出生時就腦性麻痺，但在林姐和姐夫的悉心照顧下，經過不間斷的治療和復健，已經慢慢成長為一個能自理的孩子了。爸爸去世後，他成了林姐最大的精神寄託。但是，上天並沒有眷顧這對母子。

有天中午，林姐去食堂吃飯，笑呵呵地跟廚師說：「今天菜色真好，拿回家去我兒子肯定愛吃。」廚師也笑著回應，要她多拿點回去，還多盛了兩個大肉丸子給林姐。林姐正在裝飯菜的時候，有個人跑過來跟林姐說，有人找她，電話都打到殯儀館來了。我叫林姐先去接電話，飯菜我幫她裝好，她接完電話再回來拿就是了。

過了一會兒，林姐慌亂地跑回來了。我走過去跟她說：「林姐你的飯我都幫你……」沒等我說完，她就說她要請假，這幾天不來了，要我或者其他同事跟主管說一聲，說完就跑出去。我當時差點沒反應過來，想把便當盒給她，就追了出去，沒想到她跑得太快，已經上了自行車騎遠了。什麼情況？出什麼大事了，飯都不吃了便當盒也不要了？她不吃可以，兒子也不吃了嗎？

吃完午飯，我去工作間裡跟師父說了剛才發生的事，還問師父：「怎麼跟主管說呢？主管不會生氣嗎，林姐這一年總是請假。」師父說：「主管知道林姐家裡情況不好，所以對她比較寬容，而且就算林姐不來，還有這麼多人能工作呢，只要不耽誤到事情，主管不會生氣。」

因為家裡情況特殊，林姐晚上從不值班，我以為又要好久見不到林姐了。沒想到，當天晚上，她破天荒地回來了。我上前想問問她情況，但她沒理我就去工作間找我師父去了。進去之前，她還回頭跟我說：「小四，我跟你師父有話說，你就先別進來了。」說完就順手把門關上了。

我在外面充滿好奇，就順著小窗戶往裡面看看她到底要幹什麼。只見她跟我師父越說越激動，眼淚都出來了，最後還向我師父跪下了。我瞪大了眼睛——出大事了！見林姐這樣，我師父拽著她的手臂一下子把她拉了起來。林姐又雙手合十，向我師父鞠了一躬，好像是在跟我師父說謝謝。

過了一會兒，她倆出來了，師父說：「我跟林姐有點事出去一趟，今天晚上大概回不來，你自己好好待著。」「知道了，你們放心去吧。」我沒多嘴，雖然不知道到底怎麼回事，但肯定是出事了，還是著急的大事。

第三天早上，師父愁眉苦臉地回來了。我冒著被罵或者被揍的風險，上前試探地問她：「前天晚上，發生什麼事了？」「老天爺怎麼就這麼瞎呢，怎麼能逮著一個軟柿子就使勁捏呢？」師父沒頭沒尾地說了這麼一句話，我本來就不知道怎麼回事，這下更疑惑了。我急了，說：「怎麼了，到底怎麼了啊，有話快點說行不行，聽你說話我要急死了。」師父瞪了我一眼，接著說：「林姐的兒子可能要不行了。」

出事的那天中午，林姐的兒子和附近幾個年紀差不多大的小孩一起玩。但那幾個孩子嫌林姐的兒子跟他們不一樣，就合夥起來欺負他。過了一會兒，不知道怎麼的，林姐的兒子就掉進河裡了。那河雖然看起來不大，但水卻很深。幾個小孩子看有人掉進河裡了，就趕緊跑回家找大人。村裡的大人有人下河撈人，有人打電話給林姐，打林姐手機沒人接，就打到殯儀館。接到電話後，林姐就慌忙跑回家。

那天下午，林姐發現孩子的狀況不好，還有點發低燒。林姐以為兒子可能是掉進水裡嚇著了，吃點退燒藥應該能退燒。到了晚上，孩子沒退燒，林姐以為讓他吃點飯，再吃點藥，或者去附近診所打一針就會好。但小孩子生了病就沒力氣了，哪還能吃得下飯？林姐強餵了兒子幾口粥後，打算去拿藥，拿藥的時候，兒子就把剛剛吃的粥全吐出來了，還全身抽搐。這可把林姐嚇壞了，趕緊抱著孩子去醫院。

到了醫院，醫師說可能是急性腦膜炎，得讓樓上的兒科醫師看，還要林姐交押金辦理住院手續。林姐問要交多少錢，醫師說至少得三千元。林姐去得急，只帶了一千元，以為在醫院打針夠用了，沒想到醫師會告訴她，這是個急病。

怎麼辦？如果回家拿提款卡去領錢，再回到醫院，那得耗到什麼時候，乾脆直接借吧。她就掏出手機打電話給我師父，偏偏她那爛手機還卡得要死。沒辦法，她請醫師幫忙看著孩子，就搭計程車回單位跟我師父借錢去了。

繞了一大圈，浪費了不少時間，林姐跟我師父回去的時候已經晚了。醫師說，已經錯過了最佳治療時機，孩子能活下去的機率很小。

聽到這兒，我震驚了，無語問蒼天：林姐的丈夫才去世多久，她兒子就又出事了。電視劇都不敢這麼演。

「不會有事的，小孩子底子都好，而且錢也交了都治療了，也用藥了，孩子會好起來的。」我在心裡默默祈禱，希望林姐的孩子能好起來。

又過了三四天，林姐來殯儀館了，面容看起來更憔悴了，白髮也突然變多了，表情非常呆滯。跟她一起來的還有她兒子——在林姐身邊躺著，身上蓋著白布。我終於明白怎麼回事了，心被緊緊地揪了一下。

我和師父幫林姐把兒子推到了她的工作間，就退了出來。我們像一年多前那樣在門口站著看她工作，只不過這次她入殮的人換成了她兒子。

林姐緩緩揭開兒子身上的白布，摸著他的手，嘴唇微微顫抖，聲音哽咽地跟他閒聊：「真沒想到，你會以這種方式來到媽媽工作的地方，見證我的工作。等一下媽媽幫你洗洗澡，剪剪頭髮，再穿一身好衣服，讓你乾乾淨淨地上路。你在那邊還有什麼想要的，記得托夢給我。沒有想要的也要托夢，記得帶著爸爸多回來看看我。」

師父仰著頭不讓眼淚流下來，那一刻她被觸動了。我告訴她：「撐住，等等還得安慰林姐呢。」這一年多，不到兩年的時間裡，林姐先後送走了自己兩位至親，心裡肯定很難受。

林姐強撐著一口氣替兒子入殮完後，除了要在殯儀館上班，還要抽時間回去伺候癱瘓的婆婆。我打從心底佩服她，別說是我，換成誰都不一定能做到她這樣。

入殮後的那三天時間裡，林姐的眼睛一直處於充血的狀態，多少次她想哭，但都控制自己不讓眼淚流下來，她要好好陪兒子。說說話，再拿出笛子吹給兒子聽，吹累了，把之前買的童話書拿出來講故事給他聽，語調十分溫柔。

每一次經過她的工作間，我都想進去抱抱她，安慰她。但真的要進去的時候，我的手都停住了，覺得那扇門很沉重。最後，還是把這有限的相處時間留給她母子倆吧。

兒子被火化之前，林姐的表情一直都是呆滯的，但當兒子要被推進火化室的時候，林姐突然情緒爆發了，眼淚決堤而出，一邊抓著火化室的門一邊喊：「兒子別走，別扔下媽媽！」

同事們把林姐拉到家屬等待區的椅子上，讓她坐著平復心情。她在椅子上哭了一會兒，開始抱著孩子遺像發呆。我和另一位同事試著安慰她，想分散一下她的注意力，但她就在那靜靜地坐著，等著領兒子的骨灰。

林姐燒紙錢給孩子的時候，是我陪著她去的。到了墓地之後，她拿出了前幾天連夜替兒子紮的一堆紙玩具、紙房子以及一年四季需要的紙衣服，還有兩袋金元寶，其中一袋是替姐夫準備的。林姐一邊燒紙錢一邊跟姐夫說：「我對不起你，沒照顧好兒子，現在兒子去找你了，你在那邊多照顧著點，別讓他再被欺負了，我在這邊會照顧好自己和婆婆的。」

兒子走後很長的一段時間裡，林姐閒下來的時候，都會站在暖氣旁吹笛子，吹的是一些童謠。她想兒子了。

主管知道了林姐的情況以後，還為林姐發起了捐款，但是林姐並沒有要這筆錢。

第二天她早早去食堂把大家的便當盒拿出來，按照捐款本上每個人的捐款數目，放到了盒子底下，就默默地下班回家了。

等同事們去食堂吃飯的時候，看到便當盒下面的錢都沉默了，不知道該說什麼。林姐總是這樣，不愛麻煩大家，不想欠大家人情，天塌下來了，她都自己默默扛著。

半年以後，林姐突然主動來找我，問我：「小四，想學吹笛子嗎？」我愣了，差點沒反應過來，就跟她確認：「是要教我吹笛子嗎？」林姐笑著點了點頭。我也瘋狂點頭：「願意！」

但我沒什麼音樂細胞，吹得太差，師父嘲諷我：「小四不錯啊，吹得很好，跟放屁沒什麼兩樣，再努力一下就能學會打嗝了。」

學不會吹笛子沒關係，林姐要我挑一樣我喜歡的樂器。我說：「我喜歡吉他，你能教我嗎？」她說，其實她也不會吉他，但如果我想學，她可以一邊學一邊教我。

林姐跟師父商量買一把吉他給我的事，師父說：「沒錢，不買給她。吉他那東西多吵，在殯儀館玩什麼樂器。」

林姐說她小氣，又不是電吉他，就算是電吉他也不插音響，再吵能吵到哪去。我師父還是不同意。

可是既然開了這個頭，不讓我學我還不高興呢，於是我又拿出了當初逼她收我做徒弟時的那套——各種軟硬兼施和撒嬌來對付她。最終，我師父受不了了，碎碎唸著拿了錢給林姐，讓我們去買吉他。

吉他買回來後，林姐下午沒事的時候，總會抽出一個半小時教我。有時候，我跟林姐待的時間有點長了，師父還跑到林姐工作間門口嚷嚷：「許小四，你是誰的徒弟啊，你是要住在這裡了嗎，你要不要回來，不回來我不要你了啊！」林姐在那咯咯笑著說：「快回去吧，有人吃醋了。」這是她丈夫、兒子走以後，我第一次見她笑。然後，她就下班回家照顧婆婆去了。

林姐的婆婆怎麼會癱瘓呢？後來林姐跟我說，當初她在老于頭那裡學藝的時候，有一次，她婆婆去倒餿水桶閃到腰了，在床上躺了幾個月，雖然腰痛，但是吃了藥的話還能自己下床走走。林姐和姐夫那段時間都很忙，姐夫的工作正好趕上一年一次的大檢修，就沒把老太太腰痛的事放在心上，更沒有及時帶老太太去醫院檢查，結果時間一長，竟然癱瘓了。

婆婆癱瘓以後，林姐就工作——家——婆婆那裡「三點一線」來回跑。但林姐畢竟是個女人，長時間這麼過，她也扛不住。她跟丈夫商量，想把房子賣了，全家搬回去和婆婆住，姐夫不同意。最後，兩人各退一步，把房子租了出去。他們一家三口就搬回去跟婆婆住在一起。這樣林姐照顧起來方便一點，家裡每年也能多一份租金收入。但這些錢都沒存下來，大部分都給兒子和婆婆看病花掉了。

回老家住的這段時間，姐夫工作單位的主任退休了，而姐夫是老員工，就接替了主任的位置。升職以後，來巴結姐夫的人多了起來，小小的農家院子裡，每天晚上都很熱鬧。姐夫的酒局越來越多，晚上也越來越晚回家，但林姐沒有抱怨。姐夫不管多晚回來，永遠都有林姐和蜂蜜水在等著他。

林姐剛到殯儀館上班時，賺得不算少但也不算多，但姐夫賺得比之前多很多，兒子說話和走路也一天比一天好了，婆婆的身體也慢慢好了起來。家庭和工作都步入正軌，這麼多年日子終於好起來了，就在林姐以為一切都有了希望的時候，生活又無情地甩給了她一巴掌。

有一天，林姐發現丈夫的臉有點黃，就要他有空去做個檢查。因為工作忙，姐夫一直拖著沒有去，這一拖就拖到了工作單位每年一次的健檢。健檢結果出來以後，醫師說姐夫可能有肝炎，脾還有點腫大，建議姐夫戒酒，抽空再到醫院做一個詳細的複診。

姐夫沒放心上，也怕林姐擔心，就對林姐撒謊，說自己只是有點炎症，吃點消炎藥就行。他怕突然戒酒林姐會懷疑，就沒戒酒，只是喝得少了。但他們兩人做了十多年夫妻，而且他的臉還蠟黃蠟黃的，說他沒病，鬼都不信，何況是林姐。

後來，林姐硬拉著他去了醫院，複診報告很快就出來了，結果顯示姐夫已經到了肝硬化晚期，再拖一陣就要變成肝癌了。知道結果的當天晚上，夫妻倆在床上都沒睡著，燈亮了一夜。

姐夫摟著林姐說：「我不想治療了，我想把工作辭了，把家裡的房子賣掉，拿著錢帶你和孩子去旅遊，等我走了以後，剩下的錢留給你生活。」還說：「你跟了我這麼多年，太苦了，沒過過一天好日子，我對不起你。」

林姐靠在丈夫懷裡流著眼淚說：「我從來不覺得日子苦，有你在我每天都是幸福的。」

她勸姐夫積極治療，只要有希望就不要放棄，還說即使辭職，姐夫工作的單位也不會同意，頂多是讓姐夫從主任位子上退下來，讓他先休假養病一段時間。最後，姐夫爭不過林姐，兩人最終把房子賣了，各自向工作單位請了長假。

請假在家的日子，林姐也沒閒著，一邊照顧婆婆，一邊陪自己丈夫治病，沒多久積蓄就被掏空。即使這樣林姐也沒向任何同事借錢，也沒有預支薪水。因為師父跟林姐關係最好，偷偷給過她錢，還用塑膠袋包好，悄悄放在她的紫色布袋裡。她一猜就知道是我師父給的，說什麼不要，但沒贏過我師父就收下了，還說保證會還錢。我師父沒說話，她不會要這筆錢的。

姐夫去世之前，還跟林姐說：「我覺得自己好多了，等我徹底好了，就辭職去你們那兒開車。你陪了我這麼久，這次換我陪你。我還要賺錢，帶你去旅遊，重新跟你拍一次婚紗照。」林姐說：「我什麼也不要，只要你好了就行。」我默默聽著沒說話，不知道該說什麼，有時候做一個安靜的聆聽者也挺好。

林姐從來沒想過孩子也會離開她，這兩年的日子就像做了一場亂糟糟的夢，夢醒了以後，家裡就剩下她和婆婆了。

她說，現在就好好伺候婆婆，等婆婆百年以後剩她自己了，她就可以退休了。丈夫和兒子先走了也好，誰先走誰享福，兩眼一閉所有的痛苦都煙消雲散了。

來不及說再見

許老大一直帶著我，想辦法讓我盡可能多入殮一些遺體，尤其是破損的。這期間，她也會在晚上總結檢討我這一天的工作，為我講解怎麼倒膜做臉皮。

當初用粉上妝的技術升級成油彩了，用油彩上妝確實能更貼合遺體；倒膜的技術也升級成了3D列印技術（但我們所在的小城市落後，我沒學到這個）；運遺體的靈車，由原來一次只能運送一具遺體升級成能同時運送四具遺體；火化位由三個變成了五個。

時間一天天地飛速流逝，我都開始帶徒弟了。

記得那是個下雨天，館長突然召集我們幾個入殮師開緊急會議，說過幾天會來七八個應屆畢業生，要我們各自挑喜歡的帶著實習。我還在想這跟我沒什麼關係啊。

師父說：「今年學生你帶，我才不帶！」這句話讓我困惑了，她怎麼耍性子還不分時候呢，我帶新人？我就是個半生不熟的米飯，我表示「拒絕」。剛說完，我的後腦勺就被師父捶了一下，腦袋嗡嗡的，她要我「別廢話，服從命令」。這一下捶得我眼冒金星，我更不高興了，說：「幹什麼啊，都三年多了，怎麼還打我呢？」師父給了我一個眼神。我立刻改了語氣，說：「打得好。」

回到工作間後，我愁眉苦臉的，心想：我帶新人，怎麼帶？如何帶？能不能像我師父收拾我似的收拾他們呢？林姐看在眼裡，跟我師父說：「許老大，你看這日子過得多快啊，這一晃眼我們都快要五十歲了。再看看當初那個誰都看不好的小丫頭，這幾年工作也開始穩重了，說話什麼的也沒有那麼毛躁了。如今都開始收徒弟了，這就算正式出師了。」聽到這些話，許老大肯定心裡很得意，但嘴上卻死不承認地說：「她穩重什麼，還是那個樣，天天耍嘴皮子，氣人。」

林姐說：「好了啦，也就只有她吧，換成別人早就跑了，你暴力教育徒弟那套，誰也吃不消。」我師父說：「這倒是，她就這點好，怎麼打罵都不跑。」林姐說：「這小丫頭聰明著呢，怎麼想，怎麼做，她自己心裡都有數，不用刻意要求她。」我在一旁偷聽到這些話，心花怒放的，這是這兩個女人第一次承認我，第一次誇我。

後來，師父專程找我聊了一會兒，說：「小四，你出師一年多，帶學生確實不夠格。但你還想依賴我多久呢，總有這麼一天的。」我明白了，她這是要放手，想讓我自己成長，自己去闖。師父接著說：「整個過程我都會當你的靠山，只要你不打人。」說完摸了摸我的頭。

沒過幾天，我就見到了學生們，在弔唁廳裡整整齊齊地站了一排。稚嫩的臉上，洋溢著青春氣息，眼神裡充滿了對這份工作的期待。看著孩子們自信滿滿的樣子，我心想：如果他們知道接下來要面對的事，大概就不會這樣了。

我的第一個學生是小王，我問他：「在學校都學了什麼？」他說：「學過火化、迎賓，還有遺體美容，但沒實作過，只摸過矽膠假人。」我又追問：「怎麼會想要做入殮師呢？」他說：「學校分的，我沒有選擇的權利。」我跟他說：「明天開始，你會和其他人一樣，先去看那些刺激視覺神經、直接衝擊大腦、不是普通人能接受的遺體，這關要是過了，就沒什麼問題了。如果中途有任何不適，都可以考慮離開。」交代完，我又帶他在殯儀館裡轉轉，熟悉一下環境。

中途，小王問我廁所在哪裡。我指了指外面，那個烏漆墨黑，像黑洞似的小屋。他瞬間瞪大了眼睛，問我能陪他去嗎？我說：「我怎麼陪，性別不同啊，自己去吧。」他嘆了口氣，自己去了，最後是跑著回來的。

第二天這批學生看完遺體回來，就和我當初一樣大吐特吐，臉色極差，還有幾個在回來的路上，就下車跑了。小王也吐得不行，我像師父剛開始對我那樣，也倒了一杯水給他，拍了拍他，問：「怎麼樣，還撐得下去嗎？」他沒說話。我說：「別硬撐，我也不會逼你的。」他說：「要適應一下，給我一點時間。」我說：「那去吃午飯吧。」結果他一點也沒吃，坐在那裡拉著一張臉，不知道在想什麼。

過了將近兩個星期，他還在吐。我說：「都兩個禮拜了怎麼還在吐呢，看遺體都是上個禮拜的事了，不然你先回家休息吧。」我承認我的話裡有趕他走的成分，心想他一個男生還沒我一個女生堅強呢，有點脆弱了。剛想張嘴勸他放棄，他先開口了，說：「我覺得自己不適合這份工作，覺得這裡很壓抑，也受不了遺體的那股味道，和我想的根本不一樣。」我說：「可以，尊重你的選擇。」

看著他遠去的背影，我突然渾身放鬆了。他在的時候，我精神高度緊繃，可能是因為和遺體打交道久了，我不太知道怎麼和活人相處，而且我還沒適應老師的身分，大概也讓他不舒服。後來有個我稍微看得上的徒弟，但沒把握住。

那是一個比我小一歲，跟我剛入行時模樣一樣的小丫頭，頭髮捲捲的，可愛又精緻。我很喜歡她，想讓她留下來試試，像我剛開始那樣練膽——就是在殯儀館住一晚上。我還找了一位平時來幫忙的大姐陪她一起睡。我知道大姐打呼聲很大，還特地交代一定要讓那女生先睡了，大姐再睡。

結果那晚大姐累了，就自己先睡了，吵得女生睡不著覺。到了後半夜，女生好不容易睏了，年久失修的破門被風吹開了。這時候大姐坐了起來，對著打開的門說了一句：「進來坐啊！」誰還睡得著？女生害怕，抱著枕頭一宿沒睡，早上看見我就哭。我安慰她：「都怪我沒安排好，今晚我陪你一起。」女生哭著說：「不了，我怕今晚來的更多。」就這樣走了。

看不上的勸退了，看得上的留不住。就在我以為帶徒弟的事就這麼結束的時候，宋哥來到了我身邊。

跟宋哥第一次見面時，沒人通知我要帶他。他不認識我，我也不知道他要來。那段時間，我正忙著處理寧寧的遺體，縫完遺體的手腳後，我壓力很大，排解方式就是在殯儀館院裡彈吉他。

當時，院裡停放著靈車，幾個人站在那抽菸，還有一位逝者家屬抱著遺像擦眼淚。只有我穿個白袍，抱個吉他，不顧院子裡其他人的異樣眼光，邊彈邊唱 Beyond 樂隊的〈不再猶豫〉。這時候有個穿黑西裝、拉黑色行李箱的人走了過來。

此人身高一百八，長得乾淨帥氣，右邊眉毛上有一顆小黑痣，脖子上戴著十字架項鍊。經過我面前時，見我彈唱得不亦樂乎，看我的眼神就像是看見了一個精神病患。我咧個了大嘴向他笑了一下，接著又開始彈。看他像個司儀，我猜他的小行李箱裡裝的應該是主持稿，心裡還滿佩服他的：厲害啊，真是專業。

過了一會兒，師父說要介紹個新人給我，沒想到就是剛才那位「司儀」。師父說：「這是小宋，學法醫出身的，沒考上法醫，想來這學學。你們互相認識一下吧。」我頓時傻眼了，沒想到「司儀」竟然是個法醫，還要跟我學遺體美容。然後師傅又對小宋說：「這是我徒弟小四，幹了四年多，算半個老人了，以後你就跟著她學就行。」小宋呆住了，他大概也萬萬沒想到，剛才在院裡看見的「精神病患」竟然會是他的老師。

師父剛介紹完，被我拽了拽衣角就跟著我出來了，這四年我們還是有默契的。到了外面，我幫師父點了一根菸，問她：「怎麼回事，怎麼不提前通知我呢？」師父沒說話，這意思就是要我服從安排，我就不吭聲了。

我還沒想好要跟他說什麼呢，小宋先開口了，說：「你剛才在院子裡很狂野啊，帽子都甩飛了。」我尷尬地擠出一個微笑。師父把話接過了去，說：「這也是排解壓力的方式，你要是做下去了，以後就懂了。」

也就認識了一個月時間吧，我崩潰了：這哥們兒到底是來入殮的，還是來驗屍啊！那一個月裡我覺得他真的很煩。可能是學過法醫的原因，他格外喜歡研究遺體，看見逝者職業病就犯了。每次有遺體送來，他就開始跟我和師父推算逝者的死亡時間，根據死亡姿勢推斷逝者經歷了什麼。我心想：裝模作樣，那麼厲害，不還是來我這工作了。

他自顧自地講著，看我不理他，還問我：「怎麼不說話呢，有什麼不懂的可以問我。」我白了他一眼，說：「我聽不懂你說的專業知識，我只知道閉嘴做事。」他還不高興，說我「態度不好，要虛心接受新知識」，我說：「再廢話，就把你嘴縫起來！」說完晃了晃手裡的針和線。

我覺得宋哥其實滿不高興是我教他的。剛開始時，我說：「先從培養膽量開始吧！」他直接回了一句：「我還需要培養膽量嗎？」我說：「那好吧，那就在屁股後面看我做事吧，幫我拿個工具什麼的，看不懂的隨時問我。」他就點了點頭，但是看了幾天，硬是沒提任何問題。

我問他：「認真看了嗎？怎麼不問我問題呢？」他說：「這多簡單，看看不就會了嗎？」我猜他是拉不下臉，尤其是我還比他小。他很為自己的專業自豪，要他這麼驕傲的人向一個小女孩討教還不如殺了他呢。我索性也不管了，打算以後讓他實際操作，等出問題我就能好好教他了。

我經常跟師父報告小宋的情況，師父說：「小宋人沒什麼問題，複雜的得肯定能應付得來，就是這個脾氣還得磨磨。」就像剛開始她磨我一樣。她還問我：「你怎麼想的，都教會，還是只教一點？」

師父拋出的這個問題，讓我也糾結了好久。一開始教我時，她也是對我留了一手，直到我倆互相認可了，情同母女，她才教我了最後一招。看宋哥現在的這個死樣子，我是不願意全部都教的，不是還有那句話嗎——教會徒弟，餓死師父。他看我不教他，就去別人那裡，研究新送來的遺體是怎麼死的，還跟別的入殮師科普他的法醫知識。別人也討厭他這樣，就叫我趕快把他帶走。

有一次我還把宋哥送去林姐那，林姐拒絕了。她說，這麼多年她習慣了自己一個人了，而且她也沒空收徒弟。其實把宋哥送過去，我是有考慮過的，我希望有個人陪著她，彌補她失去兒子的精神空缺，也覺得將來等她百年以後，能有個晚輩送她。

林姐也看出我的意思了，拍拍我的肩膀，說：「你的心意我明白，但你不能把你的好心強加給別人，好比你工作的時候，對逝者家屬善意的舉動，如果人家不領情，那你就只是在自我感動，對別人來說是多餘的，所以好心可以有，但也要看人家需不需要。」

對於她說的這些話，我當時沒反應過來什麼意思，後來在一次工作中，真切地體會到了。

我教宋哥入殮時，沒按照正常順序。他是法醫專業出身，解剖過遺體也幫人縫合過，所以我就把順序顛倒過來，讓他先從複雜的服務開始，至於按摩、化妝這些基礎的，以後再說。

這段時間，師父雖然讓我帶新人但又不放心，會隨時找點藉口進來看看，一會兒說是東西沒有了，一會兒說是沒什麼事就閒晃一下。我有做的不合格的地方，她還會奪走我手裡的工具，要我站一邊去，示範給我看。

徹底讓宋哥放下面子開始認真跟我學，是兩個月以後的事了。那天下午非常忙，我要他幫我做事，看他是不是看會了。宋哥信心滿滿地告訴我「沒問題」。其實我知道，看跟上手操作是有差距的，他哪行啊，但我就想藉著這個機會好好挫挫他的傲氣。

沖洗遺體的時候，他就惹禍了。由於沒控制好力度，把皮膚沖破了。他傻住了，回頭看我，說：「這人不結實啊，是不是爛了，皮怎麼掉了？」我回他：「你不是法醫嗎？爛沒爛自己可以看出來啊。」他尷尬了，跟我說：「別鬧了，快告訴我怎麼做。」

我要他自己猜，宋哥立刻反應過來了，「縫上！」我說那就縫吧，正好可以看看他的縫合技術。這不看還好，看完我就震驚了——宋哥縫合的痕跡比我要小很多！重點是，他才學入殮幾個月而已，而我已經學了四年了，縫得還是跟個大蜈蚣似的，要多醜有多醜。我看在眼裡，準備工作完向他請教。

宋哥把沖破的遺體縫合好了以後，就開始按摩。但法醫沒教這個呀，他找不到關節和穴位，把遺體按得「嘎吱嘎吱」響。我調侃他：「宋哥，技術不錯啊，這麼按完逝者肯定很舒服。」他還很得意，過了一會兒才發覺不對勁。

當天的逝者都服務好後，已經是半夜了，我叫宋哥回去休息。宋哥沒走，腳刨著地面，右手抓頭，對我說：「今天沒做好，我發現自己有很多問題，想好好跟你學，你能不能教我？」我樂了，心想，這才一回合就敗下陣來了。但我還是端著架子，說：「回寢室睡覺吧，都累一天了，有什麼話明天說。」這下，宋哥害怕了，想說什麼，但看我也累了就沒繼續說，垂頭喪氣地走了。

第二天一早，他手裡拿了一串雪糕和一條菸，向我使了個眼神，說：「這是孝敬你的，吃、抽別客氣，以後你的雪糕和菸，我都包了。」我懂了，他是在賄賂我呢，好讓我教他做事。從這以後，宋哥就開始老老實實地跟我工作，我也跟他學怎麼縫合遺體會更好。

我覺得小有成就，自己當老師算是上軌道了。宋哥買給我的菸，我留了兩盒，剩下都給我師父了。師父說：「這是你的，我不抽，你自己留著吧，你能有這個心，我就很開心了，證明這些年我沒白疼你。」

接下來，我請師父準備幾具複雜的遺體，教宋哥怎麼做遺體重塑。邪門的是，剛剛跟師父說完的那天晚上，就送來一具喝多了撞到電線杆，把腦袋都撞碎了的男性逝者遺體。這一趟工作做完，讓我和宋哥的關係變得不一樣了。

我聽說這位逝者也是做殯葬行業的。

在我們東北，主家如果在家裡辦白事，會請兩家做殯葬的團隊搭棚子吹嗩吶、表演二人轉等節目。兩家的棚子面對面，對著幹，哪家表演得越賣力，主家給的賞錢就越多。這位逝者生前就在其中一家工作。

當晚喪席，他喝了不少酒，非要騎摩托車回家，誰也沒辦法攔住他。他騎得非常快，一路亂晃，後面的大貨車司機看他這樣，心煩，就瘋狂按喇叭。為了躲避大貨車，他直接撞到了電線杆上，臉部嚴重變形，一側臉皮都沒了，腦袋破損嚴重。

送來的時候，宋哥瞪著兩隻大眼睛，看了看我。我跟師父溝通讓我和宋哥來。師父說她也跟著進去，中途有什麼問題，我們還能有個幫手。

進屋後，我們三個人圍著逝者轉了一圈，決定先替他脫衣服，沖洗身體，再復原。我一邊替逝者脫衣服一邊說：「這下好了，主家收的白包還不夠賠你的呢。」師父跟宋哥都笑了，說我這話太損。

復原這工作是我帶著宋哥做的。我先切開腦袋，用鑷子夾出掉進去的碎骨頭。做完，我又塞回去了，讓宋哥再做一遍。修整完後，宋哥問我下一步做什麼。我說：「填充血肉，讓臉變得立體，用金屬絲固定也行，塞東西也行，你自己研究。」最後宋哥決定用金屬絲固定，臉皮是他用矽膠的皮縫合的。

宋哥做的時候，我看他頭上直冒汗，手也跟著抖，就拍拍他，說：「別緊張，不行就拆了，縫不了就我和我師父來。」但他還是堅持做完了，我和師父各檢查了一遍，沒有任何問題。

由於逝者離世的時候，還保持著騎摩托車的姿勢，所以不好穿衣服，就得先替他按摩放鬆。按摩這件事宋哥不會做，於是由我負責按摩他的手臂，師父按摩他的腿部，宋哥幫忙遞工具，我們配合得很有默契。

最後，再為逝者穿好衣服、化好妝，抽乾遺體裡的血液和空氣，擺放好離世的姿勢，就推出去了。

這時，主家帶著錢來了，打算給一萬塊錢了事。但逝者的妻子不接受，拽著主家男人的領子，眼裡飆著淚在那喊：「家裡就只有我老公賺錢，還有一個小的要養，這一萬塊能夠做什麼。」主家男人也不高興了，說：「能給錢，已經夠意思了，不要的話，連一萬塊都沒有。」女人的眼淚瞬間流出來了，也不喊了，平靜地跟主家男人說：「這事不可能這樣結束，不找你要錢，也要告你，讓你沒一天好受的。」

宋哥第一次見到這場面，想過去勸架，被我拉住了。我告訴他：「走，回去學你的，不該管的別管，就當沒看見。」宋哥說我沒人情味。我問他：「你去了打算怎麼說，向著誰說話，又該怎麼安慰逝者家屬？」他被我一連串問題問得一句話也說不出來。

我告訴他：「不是我冷血，是有些人情緒在那，不一定會做出什麼事。就算想安撫人家也得察言觀色，挑這時候去，不會有好果子吃的。之前，我也管過閒事，我還挨過揍呢。」

之前，有個逝者家屬對逝者的態度不好，我張嘴就說『有這樣跟自己親人說話的嗎』，人家說『你算什麼啊，管我們家的事』。我說『我就管了，怎麼樣』，然後我就被揍了。後來我學到了，不該我們管的就別管。

「入殮師的職責，就是要給逝者最大的體面，做好自己分內的事，對得起逝者和逝者家屬。」我說這話的時候，師父也在場，她抱了抱我。這些年，我因為多管閒事挨揍的事，她都看在眼裡，都是她幫我圓的場。她知道，雖然我這麼說，但還是會挑個合適的時候再去安撫逝者家屬。宋哥看著我，眼神裡透露出心疼和尊敬。

最後，這個逝者的妻子拿到了賠償，主家把收到的七萬元白包和五萬元積蓄都拿了出來。雖然不夠她和兒子今後生活，但足夠好好安葬逝者了。

男人火化那天，我跟他妻子說：「以後要堅強，找份工作，帶著孩子好好生活下去。」她向我鞠了一躬，說了句謝謝，也跟宋哥說了句謝謝，就抱著她丈夫的骨灰盒離開了。

這件事之後，宋哥的態度變了，不驕傲了，能真正聽得進去我說的話了。我想是時候教他一點真本事了。由於之前教過他遺體重塑，現在我開始教他沖洗遺體：沖洗的工具都放在哪裡，平時工作都需要注意什麼，要提前準備什麼，認識關節和穴位，如何讓僵硬的遺體放鬆下來。由於沒人讓他練習，就像當初師父帶我一樣，我也躺在遺體美容床讓他練習。

不知道是因為他是男生力氣大，還是我太脆弱了，被他按完以後，我的手臂好幾天都抬不起來。他還按上癮了，沒事就想抓著我幫我按摩。我趕緊求饒：「我這麼軟，又沒僵硬，捏我也捏不出效果。被你捏一次，我手臂好幾天都抬不起來，讓我休幾天不行嗎？」他又找其他同事下手，但他們都忙，他還盯上了我師父，我師父呵呵一笑送他一句：「滾！」

最後，還是我躺在那兒任由他捏，等他練熟了就沒再出現過我抬不起手臂的情況了。可惜，宋哥一直沒有替逝者按摩的機會。

後來，每次有複雜的遺體處理，比如縫合傷口，我都讓宋哥來做，他一邊縫合，我一邊學。這樣一來，複雜的那步做得多了，慢慢地他處理複雜遺體也遊刃有餘了。唯一沒變的就是他那個老毛病：嘴碎，愛閒聊。聊法醫的，聊死狀的，沒人理他，他都能說好久。我叫他閉嘴、瞪他，他就轉過臉去不看我，在工具箱裡摸摸這個，摸摸那個。一會兒看見新奇東西了，又張嘴問我這是什麼。直到經歷了一件事之後，他就再也不這麼嘴碎了，變得深沉了起來。

有天半夜，我和宋哥巡邏完，準備回宿舍睡覺。就在這時候，他看見一個衣服上有血的男人抱著一個女人滿院子找人。宋哥走過去，說：「要看病去醫院，這是最後一站。」男人氣喘吁吁地說：「我沒來錯地方，就是這，我殺了我老婆。」宋哥一聽，急忙跑過來找我，在廁所門口大喊：「快報警，外面有一個精神病抱著個女的，還說把自己老婆殺了。」

我急忙跑了出去，看到這個男的，喘著氣，衣服上、手裡都是血。我叫他進屋，他不進，怕弄髒了地板，只問我們：「處理後事，需要多少錢？」我問他：「要遺體美容服務嗎？」他說：「要。」

我和宋哥把工作床推了出去，三個人一起把逝者抬到了床上。剛把女人放到床上，還沒推進屋裡呢，就看這男的朝院門口的方向走去。宋哥怕他跑了，把他抓回來問：「上哪兒去？你還沒給錢。」他說：「我要去自首。」我一肚子問號，上前問到底發生了什麼？

他痛苦地蹲在地上，雙手抓著頭髮，問我：「有菸嗎？」我給他點了一根。他猛吸一口，仰起頭緩緩吐出煙圈，說：「是我親手殺死了我老婆，我會去自首的，並且要求立刻執行死刑，早點去陪她。」

這個男人說，他跟他老婆原本感情滿好的，經濟寬裕，還沒生孩子。後來，他開大貨車，雖然賺的錢更多了，但因為常年在外面跑，常常沒辦法回家。他每次回家，都覺得老婆不對勁，她總是背著他去廁所打電話，還用通訊軟體跟一個男的聊得火熱，對於夫妻間的事，她也是找藉口推辭。

最終，他發現老婆出軌了，還要離婚。他不同意，跟老婆說，以後會在家多陪她。但他老婆還是執意離婚，他就開始委曲求全，甚至每次老婆出去跟那個男的開房，他都開車接送，連情趣用品也是他買的。宋哥打斷了他的話，說：「你還是個男人嗎？頭上綠成這樣了還能忍，還買東西，親自接送，你在想什麼？」男人說當初他也忍不了，但想到老婆是陪著自己一路吃苦過來的，加上以前他母親在世的時候對他老婆不好，他覺得對老婆有愧，所以才會這麼縱容她。他覺得時間長了，等那男的玩夠了，暴露本性了，老婆看清了就能回歸家庭，他們還能好好過日子。就這樣過了兩年多。

沒想到，老婆出軌的這個對象沒有家庭，對他老婆也很好，兩年來兩人的感情更加深厚了。那天晚上，他把老婆接回來以後，老婆堅持要離婚。他瞬間就崩潰了，對著他老婆吼，還掐她脖子，說：「為什麼啊，我都忍讓到這個地步了，為什麼你還要離婚！」他老婆說：「我早就對你沒感情了，是你自己願意戴綠帽子的，我又沒強迫你。」這句話徹底激怒了這個男人，他說：「這頂綠帽子我早就他媽戴夠了，我們倆誰也別活了！」

說著，男人就從茶几上拿起水果刀捅向了他老婆。他老婆挨了刀，就要跑，他又對著她後背瘋狂捅了好幾刀。然後，他老婆就躺地上不動了，沒有了呼吸。他還說：「死了好，死了你就永遠是我的了。」

他冷靜下來之後，一開始想自殺，但又怕老婆後事沒人料理，就跟朋友借了一輛麵包車，先把他老婆送到我們這兒來了。

聽他說完這些，宋哥默默掏出手機報了警，把電話遞給了他。他緩和了一下情緒，說：「我在殯儀館，我要自首。」

臨走之前，他又抱了抱老婆，要老婆等他，自己很快就來陪她了。付了處理後事的錢之後，男人就被警車帶走了，至於怎麼判刑，我就不知道了。

還是老規矩，我和宋哥先把逝者請進了工作間，當時遺體傷口還在流血，宋哥問我「知道為什麼嗎」，我說：「因為血液中有抗凝物質，有傷口的話，血液就會往外流，這就是為什麼會有人因失血過多而死。而即便人體已經死亡後，血液在短時間內還會順著傷口往外流，直到凝固為止。」說完這句話，我問他：「老毛病又要犯了是嗎？」這次，宋哥不說話了。

把帶血的衣服剪下來之後，我負責洗澡、梳頭，宋哥負責一針一線地縫合傷口，累得他滿頭是汗。但是我檢查的時候，發現他漏縫了兩個傷口。這種情況下，如果壽衣材質不好，太硬或太粗糙，跟傷口接觸的話，會把傷口周圍的皮蹭掉，家屬看見了是會找麻煩的。

我叫宋哥過來，他一看嚇了一跳，很自責，要求自己再來一遍。接著，我又替遺體做了一遍消毒，開始按摩、化妝。

做完這些之後，我們發現除了被抓走的那個男人，逝者沒有其他親屬了，沒壽衣穿啊，怎麼辦？於是我就趕緊聯繫了一個二十四小時營業的喪葬用品店，叫他們送來一套壽衣。都處理好之後，才把她放進冰櫃裡。

或許這一次的經歷，讓宋哥發現自己掛在嘴邊的那些法醫的事，跟現在工作不太有關。而且他一個學法醫的，就只有縫合這一項拿得出手，還沒縫好。往後每次工作結束，宋哥都會自己再檢查一遍，確定沒有什麼問題了，再示意我過去檢查。我發現在態度上，他比之前又多了幾分誠懇和認真。

工作時，他也沒那麼多廢話了，我說什麼他聽什麼，頂嘴跟我開玩笑的次數也少了。有什麼做錯的地方，沒等我找他談話他就主動找我反省自己當天的犯錯。

我覺得，宋哥又成長了一大步，能意識到自己的錯誤並改正是個好事，我很開心。入殮師的每一個細小的動作，都關乎逝者的尊嚴和體面，我們越細心，他們在世上的最後一程就越安心。

我開始讓宋哥上手做基礎服務了。不知道是因為學過法醫專業，還是因為天賦高，宋哥突飛猛進的進步。

我心裡有點矛盾，又一次想起了師父的那個問題：教全部，還是留一手？出於私心，我選擇了後者，一直沒教他化妝。但我藏著掖著的教學態度，很快就遭到了報應。如果再給我個機會回到當時，我一定打醒自己：什麼都可以不教，化妝必須教！

一天，師父出去喝酒了，殯儀館就剩我跟宋哥，我太累了，就在工作室裡睡了一會兒。半夜聽見有動靜，起來看見有人在瘋狂敲窗戶，一邊敲還一邊喊：「小四，小四。」因為睡得正迷糊，我的眼睛散光得厲害，聚不了焦，看著那人跟個紙人似的，臉色煞白，兩邊腮幫子紅紅的，眉毛又粗又黑，嘴唇就中間一點通紅。把我嚇得直接開窗戶，手伸出去，「啪啪」朝「紙人」臉上甩了兩巴掌。但手掌接觸「紙人」的一瞬間，我感覺不對，要是紙糊的，第一巴掌下去不就該打壞了嗎？我立刻打開門跑出去看，結果發現宋哥在外邊揉臉呢。白色的燈光打在他臉上，看起來更詭異了。

原來，宋哥趁我睡覺時偷拿我化妝品，練習化妝。他可能是想讓我看看他畫得怎麼樣，透過小窗戶看我趴著，沒看出來我實際上在做什麼，就開始狂敲窗。我猜他很想問我為什麼打他，但張了張嘴，又閉上了。我說：「幸虧你沒大白天化妝，這要是大白天化妝，再往喪葬用品店門口一站，肯定大賣，逝者家屬還會指定要跟你一樣的同款小紙人。」

那天過後的好幾天晚上，我都做惡夢夢到宋哥頂著這個妝容問我：「小四，小四，你看我這小紅臉好不好看？」我開始擔心，他在自己臉上亂畫嚇到我，我還能接受，就怕萬一哪天他趁我不在，即興發揮，穿個白袍到處亂晃，嚇到別人就不好了。

於是，我主動當模特兒，讓他在我臉上練習。

結果，他把我害的，每次都要戴個口罩低頭出去，以最快的速度衝去洗臉。終於有一次，我受不了了，跟他說：「你怎麼整天亂畫呢？你也不是瞎子，跟了我快四個月了，沒看見我怎麼畫的嗎？」他委屈巴巴地說：「你又不教我。」說完，跟我要了幾天假，回家想想該怎麼化妝去了。

就在他回家的這幾天，我們殯儀館裡接了一項特殊服務。一個老太太要在殯儀館舉辦婚禮，而她要嫁的這個人是一具遺體，遺體是一位六十七歲的老爺爺，他叫李順義。

二〇一七年六月末的這一天，已經有些痴呆的老先生李順義，突然開始翻箱倒櫃，說要找出幾十年前「前女友」的回信，還有那些沒寄出去又想得到答案的信。但很多信早就已經被老伴撕掉了，有的兩半，有的碎了。李順義拿著那些碎片慢慢地拼，再拿放大鏡細細地看，一弄弄到大半夜。

慢慢地，李順義不滿足於只是看信了，他又鬧著要兒子、媳婦幫他買信封郵票，說要寫信給他心愛的前女友。兒子心裡暗想，那個渣男父親又回來了。

李順義最常看的是兩張照片——一張上面是個女生，穿著工作制服，紮著兩個馬尾辮，柳葉眉，一雙眼睛不大但水汪汪的，嘴小小的，笑著起來很甜；另一張就是年輕的李順義與這女生的合影。女生依舊是那兩條漆黑油亮的辮子，笑得害羞又幸福，李順義則拘謹靦腆地站在一旁。

「這姑娘好看嗎？她叫張金萍，嘿嘿，我跟她談過戀愛。」看照片的時候，李順義會問兒子。兒子心裡還想著：渣男，不負責任，有老婆了還惦記別的女人。都痴呆了，忘了跟自己結婚的老伴，忘了自己的兒子，唯獨能記住的就是這個張金萍，這誰不生氣。這些年，李順義家裡常常因為這些信與照片爭吵不休。

年輕時，李順義經人介紹娶了一個在化工廠上班的女生。由於常年接觸有毒化學品，女生無法生育，婚後就從親戚家收養了一個已經六七歲的兒子，日子過得相安無事。直到幾年後的一天，李順義的太太打掃家裡時突然發現了丈夫和他前女友的照片。

其實這照片，結婚之前她也見過，當時李順義說自己能放下過往，會扔掉照片，沒想到他偷偷藏了起來。這次面對老伴的質問，李順義解釋說忘記處理了。老伴不信，就吵了一架。

老伴原本滿溫柔的，從這次吵架開始，慢慢就演變成了動手砸東西、打人，有時候還打小孩出氣。那時候正值兒子青春期，在這樣的環境裡，對養父母的感情自然就淡了。

直到二〇〇六年夏天，最終沒吵出結果的老伴突發心臟病去世了，離開前幾天，她還說李順義這二十年沒愛過她，心裡一直有別人。那些年，因為心煩，李順義開始酗酒，肝也壞了，老伴去世後，漸漸失智。

兒子也不想讀書，後來靠著開計程車、打零工維持溫飽。還把成年人的辛酸、不幸都賴在養父身上，慢慢地也不怎麼回家，就不太管李順義了。直到他結婚後，有了自己的孩子，妻子人不錯，跟他說李順義都失智了，應該回去看看，回來的次數才變多了。

我在殯儀館見到李順義老先生的時候，他已經死了。二〇一七年七月九日那天早上，李順義像往常一樣起床，兒子、媳婦正在為他做飯。兒子想做完就走，反正養父老糊塗了也不記得他。沒想到，那天李順義突然哪也不疼了，腦子也清醒了，還出奇地喊出了兒子的名字，說有事要交代給他——找張金萍！

李順義很想知道當年到底怎麼回事，為什麼兩個人不清不楚地斷了？除了這個，他還有一個當初對張金萍的承諾要兌現。

兒子沒什麼耐心，不想接這個工作，覺得李順義腦子徹底壞了。而且一個遠在山東的前女友，過去三十多年了，怎麼可能說找就找到？但媳婦不這麼認為，她覺得公公突然這樣是迴光反照，可能撐不了幾天了，就答應了老人的這個請求。

媳婦想到自己有個姑姑正好嫁到了山東，於是趕緊托她打聽。李順義一聽激動起來，記憶卻又開始混亂不堪。他開始梳頭打扮，穿得精神奕奕的，對媳婦說張金萍約了他在工廠門口見面，他要帶著金萍去買化妝品。當年交往時，李順義就知道張金萍愛漂亮，化妝品、漂亮裙子、皮鞋，工廠裡女工們流行的，李順義都會買一份給女友。

聽到李順義嚷嚷著要寫信時，兒子腦子裡關於父親講過的那段往事又被翻了出來。

一九七六年，李順義在山東一家工廠裡工作時認識了張金萍。當時，李順義已經二十六歲，婚事還沒著落，廠辦主任就開始幫他留意合適的女生，同廠的張金萍進入了他的視線。

張金萍好看、秀氣，做事也勤快，家裡還做了點小生意，雖然就只有她一個孩子，但她一點也不嬌氣，廠辦主任覺得張金萍和同樣踏實肯做的李順義肯定能在一起。有一次午飯時，廠辦主任安排他們二人見了第一面。兩人穿的都是工作制服，張金萍梳著兩個長長的麻花辮，頭髮黑得發亮，李順義肩頭搭著一條毛巾，衣服上都是油漬。

李順義這個粗手粗腳的大男人，沒念過什麼書，見了張金萍一直傻笑，不是抓頭就是摳手，也不會說什麼好聽的。他一百七十四的身高，因為工作鍛煉得既壯實又黝黑，張金萍對他的第一印象很不好，甚至有點怕他。但李順義一眼就喜歡上了張金萍。他覺得這女生看起來小小的，性格又溫柔，看到她的第一眼就想保護她，李順義心裡認定「這輩子就這個女生了，不會再有別人了」。

李順義信心滿滿，剃頭擔子一頭熱，以為女生不敢看他是因為害羞，其實是人家害怕他。相親沒成功，本來兩個人也不會再有什麼火花了，可緣分這東西真奇妙。

一九七七年，快過農曆新年時，張金萍去朋友家玩，在回去的路上自行車壞了，好巧不巧地撞到了剛下班的李順義。李順義剛要發火，仔細一看是張金萍，瞬間沒了脾氣，又開始傻呵呵地發笑。他本來就黑，當時天也黑，張金萍一看，就更怕他了。

「車……車子怎……怎麼了？」可能是見到自己喜歡的女孩有點緊張，李順義結結巴巴問道。然後又說自己會修自行車，但天太晚了，想先送她回家，明天早上來幫她修自行車。張金萍想拒絕，怕有人看見說三道四的不好。但晚上路黑，加上剛才又被李順義嚇了一跳，她膽小，就答應了。

路上，李順義倒是直接了當，追著女孩問，問她當初為什麼沒看上他，是因為覺得他家庭條件不好還是嫌他難看？

「都不是。」張金萍說，「其實是怕你。」「我有什麼好怕的，怕就更應該跟我在一起了，這樣避邪！」說完又撓著頭嘿嘿傻笑，「你以後就都不用怕了！」「噗嗤。」張金萍笑出了聲，覺得這個男人還滿幽默的，自己反倒有點以貌取人了。從那一刻起，她決定放下對李順義長相的偏見，先跟他相處看看。

第二天早上，李順義果然兌現了諾言，來修自行車了，修得還滿好的。張金萍在一旁看著，發現他一個虎背熊腰的大男人做起事來比女孩子家還細心，心裡又給他加了點分。慢慢地，兩個人就有意無意地相處。到了正月，李順義就捅破了這層窗戶紙。他跟張金萍保證，在以後交往的過程中，他要是有一點不好，張金萍隨時可以提分手，要是覺得他還可以的話，兩個人就盡快見父母商量婚事。

順利的話，兩人應該順理成章地結婚生子了，平淡溫馨、相扶相持地白頭到老。可偏偏情路多坎坷。到了談婚論嫁的時候，張金萍想去李順義家裡看看，他卻支支吾吾地不斷找藉口搪塞。「怎麼了，難不成家裡還有一個老婆？」張金萍不高興了。

其實，之前廠辦主任也對李順義的家庭不了解。當初李順義為了順利被工廠錄取臨時工，撒謊說要跟他結婚的對象跑了，還把癱瘓的老母親扔給了他，廠裡覺得他有情義，就勉強擠出來一間房子給他住。但其實李順義口中的那個癱瘓的老母親是他自己的親生母親，因為發生了意外終身癱瘓在床，他的父親為賺錢扛米傷了腰，再也幹不了粗重活了，家裡全靠李順義一個人撐著。李順義不敢跟張金萍說這些，怕她嫌自己家庭狀況不好，跑了。

後來，終於見面了，先去李順義家。李順義父母自然是非常滿意這個未來媳婦的，她嬌小可愛，惹人喜歡，最重要的是不嬌氣，能吃苦。他們專程買了新水杯、碗筷、拖鞋給張金萍，留給她以後來家裡用。還說以後小倆口要是結婚了，他們老倆口就回老家去住，保證不在這添麻煩。

這反而讓張金萍心裡很難受，覺得好像是因為自己要趕走老人家似的。更棘手的是，李順義這樣的家庭狀況，她怎麼和父母說呢？張金萍教李順義該怎麼說話，又自己出錢買了幾件像樣的禮品，把李順義帶回家了。

到了張金萍的家之後，李順義按照張金萍教他的謊話，吹噓了一通：父親在糧油店管事，母親是街道婦女主任，自己是工廠的正式員工。張金萍父親也不傻。第二天找人打聽了李順義的情況，怎麼回事就都知道了。他覺得不怕窮，但撒謊騙人就是人品問題了。

那一天，張金萍的父親單獨去見了李順義的父親，話裡話外的意思都是李順義配不上自己女兒。李順義徹底明白了，光喜歡是沒用的。他窮，家裡還有兩個病人，給不了對方父母想要女兒過的那種好生活。於是，李順義開始躲著張金萍，不見她，還寫了一封分手信。

張金萍看到後，生平第一次發了火，她罵李順義不是個男人，自己一個女孩子家都不怕，他一個大男人怕什麼？李順義其實心裡十分捨不得張金萍，他決定要更加努力賺錢，撐下去，獲得女友家裡的同意。

可當張金萍父親發現兩人還在偷偷約會、不願意分手時，就開始阻擾李順義的工作，讓他在工廠裡做不下去。後來，李順義的母親因為癱瘓併發症去世，當時張金萍想去看看，但被父親發現關在了家裡。

母親去世、戀情不順、工作不保，李順義覺得自己除了還有個父親，其他什麼都沒了。這時，工廠的主管介紹了一個工作機會給他，說東北有個小城要開發建設，需要工人，去了就是正式員工。經過一番掙扎，一九八一年，李順義帶著父親離開了山東。

張金萍本來是想和他一起走的，想著乾脆把生米煮成熟飯了再回來，到時候父母不認也得認了。但張金萍一想到父母就只有自己一個孩子，還需要她養老送終呢，就不忍心走了。「金萍，你等我有出息了，最多也就兩三年，我就接你過去，讓你過好日子！」臨走之前，兩人照了張合照，還交換了彼此的單人照。

那時候，張金萍已經二十八歲，一直被家裡催婚。父母介紹對象給她，她也會去見，但就是死活不同意結婚。而李順義到東北以後，有時間就會打電話、寫信給張金萍。

「我在這邊待遇很好，現在是正式員工了，住在一間一房一廳的房子。我在這邊很受歡迎，他們都叫我李師傅。工廠裡沒有幾個女員工，你放心，等我升了主任，換了兩房的房子，我就回去跟你父母提親，把你接過來。金萍，你一定要等我，相信我，很快就能接你過來。」

可惜，天不遂人願。一九八二年冬天的一個晚上，零下二十多度，李順義在工廠裡巡視檢查時不小心掉進井裡昏迷了。兩天後，同事才發現他。雖然他命大，但還是因為骨折沒辦法動彈了。寫不了信，怕張金萍著急，李順義就托父親打個電話。結果，他父親愛面子，還在生張金萍父親的氣，就騙兒子說打過電話了。

好好的一個大活人突然音訊全無，張金萍著急，想去找李順義，但父親不同意。張金萍的父親趁女兒不在家，把李順義的信偷拿了出來，照著李順義的筆跡寫了一封，過了幾天後交到女兒手上。信裡寫著：「我在這邊有對象了，是工廠裡一個科長的女兒，各方面都很合適，也對我的工作前途有幫助。你別等我了，我對不起你，你就找個好人嫁了吧。」

張金萍一點都不相信李順義是那種見異思遷的人，也不能接受在信裡提分手，這算怎麼回事？她一定要聽李順義親口說，收拾行李就要去找他。結果挨了她爸一巴掌：「不要臉，人家都這麼說了，你還要貼上去找人家。李順義有什麼好的？以前叫你們分手不分手，非要等他，等吧，看換來什麼了？」

這一巴掌打醒了張金萍。是啊，換來什麼了？從一九七七年到一九八二年，她也快三十歲了。如果不認識李順義，她說不定都有美滿家庭了。她決定不等了。但委屈不能白受，她要報復，也回了一封信給李順義：「其實，我也看中一個男人，是我爸朋友的孩子，比我家還有錢。我不想等了，準備嫁人了，一直不知道怎麼開口。既然你說了，那就各自建立家庭。祝你幸福。」

當年收到張金萍這封所謂移情別戀的信，李順義根本沒搞清楚是怎麼回事，但兩人就這麼分手了。

一九八五年，三十五歲的李順義經人介紹，娶妻結婚，他以為這輩子和張金萍不會再有什麼交集了。

二〇一七年七月十日，早晨。李順義醒來沒看見張金萍，說自己還要等她。但過了一會兒，李順義又開始著急了，吵著要去車站接張金萍。因為沒找到張金萍，兒子、媳婦自然不敢帶李順義去車站，怕他出事。中午，李順義連飯都沒吃。到了下午，李順義在搖椅上靜靜坐著，可能是覺得自己快不行了，焦急地問：「金萍怎麼還沒來？」兒子、媳婦怕他受刺激，不敢說實話，安慰他說金萍已經在路上了，要他再等等。

「不等了，等不動了。」李順義明白，就算找到了，金萍心裡有氣，可能也不願意見他了。下午五點三十二分，李順義帶著大半輩子的疑惑，還有對張金萍的愛和愧疚，以及沒兌現的承諾，與世長辭。

晚上，李順義就被送到了我們殯儀館。我準備替他脫衣服洗人生中最後一次澡時，發現他褲子口袋裡掉出來了那兩張照片，還有一枚戒指。

李順義的指甲、鬍子很長，額頭上還有當年掉進井裡時留下的傷疤。入殮完畢，按照正常程序，接下來就是停屍、豎靈、家屬弔唁、火化、下葬了。結果這時，事情來了個一百八十度的大反轉。李順義的家屬要求把遺體多放幾天——我很好奇，通常只有沒人認領的遺體會這麼處理，但他兒子、媳婦不都在這裡嗎？

兩天之後，就在李順義的遺體該火化時，竟然傳來了張金萍的消息。原來，張金萍鄰居的兒子剛好是個警察，他跟母親閒聊時說起了一個叫李順義的老先生在找年輕時女朋友的事，這才找到了張金萍。

這時的我，已經從李順義兒子、媳婦嘴裡聽說了他的那段故事。我聽說張金萍找到了，心裡別提多激動，很好奇李順義的心上人到底有多好，能讓他一輩子都這麼牽掛。

張金萍出現在殯儀館時，已經是七月十二日的晚上了。三伏天，暑氣還未消散，她穿著照片上那套長袖工作制服進來了，手裡只拎著一個袋子。人依然清瘦，只是背駝了，眼神也沒有當初那麼清澈了。

張金萍看見躺著的李順義，眼淚瞬間流了出來，說：「等了將近一輩子，等著你娶我呢，就等來這個結果？你還記得我身上這件制服嗎？這是我們第一次見面時穿的，今天也是最後一次穿給你看了。」可惜，李順義已經不能回答她了。我感覺內心深處被揉了一下，也跟著掉眼淚。

不管怎樣，張金萍人來了以後，李順義火化完，他的身後事就算做完了。可沒想到，我們剛收拾好要下班回家時，被館長叫去食堂開了個緊急會議。

本以為又要傳達什麼新的入殮政策，結果是張金萍說想跟李順義結婚，以後還要合葬！我的第一反應和師父、館長一樣——跟誰合葬我們沒權利管，但在殯儀館裡結婚，這不是胡鬧嗎！我們一致不同意。可我想了一下，還是有點動容，總覺得張金萍不會無緣無故地提這個要求。於是，想主動找她談談，更想知道她口中這個故事的另一面。

當年張金萍收到父親偽造的分手信後，賭氣也回了一封給李順義，但她難過了很長時間。白天工作時，總是心不在焉，好幾次差點出事，晚上自己一個人時就偷偷哭，眼睛都哭腫了。當媽媽的心疼女兒，想說實話，但被丈夫攔了下來，長痛不如短痛，女兒哭幾天鬧幾天就好了。

一九八四年年底，家裡介紹了一個在包工程的男人給張金萍認識，對方手裡有點小錢，還有輛車，這條件李順義根本比不上。第二年臘月，兩個人訂了婚，但張金萍心裡還是放不下李順義。那些信件、照片、裙子之類的紀念品，她都沒丟，鎖在了一個箱子裡，以為這樣就可以把感情封存起來。

可就在結婚前，未婚夫在工地上出了意外，被砸死了。再加上這時，張金萍父親的身體也出了問題，周邊的流言蜚語就多了起來，說張金萍剋夫，剋跑了李順義、剋死了未婚夫，還把自己的父親氣出病來了，跟張金萍有關係的男人都沒有好下場。

一九八五年，張金萍想去找李順義，但怕家人再次阻攔，想著索性等父親去世後，她再去。當然她也不知道，此時，李順義已經準備結婚了。

一九八九年秋天，張金萍還是嫁人了。對方是一個離過婚的五金店小老闆，嫁過去後，日子平淡如水，沒滋沒味。有一次，張金萍又翻出了之前的信件和照片，想起李順義說過的話，就忍不住掉了眼淚。提前回家的丈夫看到後，火氣頓時就上來了，還扔掉了那些信。事後，丈夫冷靜下來，覺得自己太衝動，就向張金萍道歉，還幫她找回了一部分信。在這之後，張金萍慢慢開始接受這個男人，跟他好好過起生活。

一九九二年，四十歲的張金萍因為子宮外孕，失去了做母親的資格。張金萍說：「那段時間我總是哭，哭自己沒出世的孩子，也哭當初是不是應該堅定一點跟著李順義走，也許我們的孩子都能幫忙做家事了。」可惜，人生沒有如果。

張金萍也是命苦，和丈夫好不容易拉近距離了，恬靜安穩的日子沒過幾年，丈夫在二〇〇二年突發腦溢血去世了。隨後，父親也去世了。

母親看她太苦了，就把父親當年偽造分手信的事情告訴了女兒。張金萍傻住了，一時間不知道該說什麼。那時她已經四十九歲了，她猜李順義肯定已經兒孫滿堂了吧。

二〇〇五年，張金萍的母親也去世了。最親近的人一一離去後，心裡還有結的張金萍抱著一絲念想，獨自去了東北，想要找到李順義。由於人生地不熟，信上的地址根本無從找起，沒多久，張金萍就默默回山東了。等再次聽到李順義的消息時，張金萍原本平靜的心，又起了漣漪。可惜，他們二人已經陰陽兩隔了。

聽完整個故事，我很久都沒回過神來。李順義和張金萍的感情糾葛了將近四十年，直到人生的最後階段，心裡也沒放下彼此。殯儀館是每個人人生的最後一站，到這裡來了，就什麼都結束了。

我去找館長，想說服他：「我們不就是以服務好每一位逝者，讓每一位逝者家屬滿意為宗旨的嗎？如果逝者有什麼心願，我們能幫忙解決的就一定要解決吧。」館長被我說動了，叮嚀我別弄得動靜太大，不然不好交代。我看了一下黃曆，剛好第二天適合婚喪嫁娶，就把日子定了。

舉辦婚禮的頭一天晚上，我去找師父講了來龍去脈，想叫她和我一起做兩朵結婚的花，「你瘋了？我才不幫你做。」師父向來刀子嘴豆腐心，後來還是和我一起找來了白色宣紙，用鐵絲固定，再穿上別針，一層層剪出來兩朵白花。之後，我們還替李順義額外疊了一些金元寶，算是「隨禮」。

接下來，就是找司儀。我找了一位主持過婚禮的人，但他聽我說的時候一臉疑惑，說沒主持過這樣的婚禮呀，男方不可能起來回答，那誓詞該怎麼念呢？我絞盡腦汁在那想辦法，想得頭都要爆炸了。

第二天早上八點，張金萍來了，穿了一件銀色的改良旗袍，上面繡著星星點點的合歡花，很好看。那一刻，我有一種錯覺，恍惚間時間好像回到了四十年前，他們雙方的家人同意了這門親事，這對戀人終於可以結婚了。

當時，師父工作去了，參加婚禮的只有我、司儀和張金萍三個站著，還有一個躺著的李順義。李順義的兒子、媳婦在院子裡站著，他們不想管這事，只等著養父火化完，與養母合葬。

我們沒放哀樂，怕動靜太大，聽不清司儀說什麼，而且哀樂太沉重了。當然更不能放婚禮進行曲，不然別的家屬聽到了，會想你們這是在幹什麼。婚禮開始了，司儀問：「張金萍，你是否願意嫁給李順義？無論生不能同寢、死不能同穴？」

「願意。」張金萍說。

「你自己選擇了這種婚姻，往後餘生，你都將帶著對李順義的愛慕之情度過，直至死亡，你能否做到？」

「能。」張金萍說。

隨後，張金萍戴了一枚和李順義遺物裡一模一樣的戒指，兩人一人一枚都戴上之後，她上前輕吻了李順義的臉頰，拉著他的手哭了很久。彷彿他們之間的那些遺憾、愧疚的情緒都沒有了，只剩下深深的羈絆。看著張金萍哭，我們不忍心上前打擾，只希望她能把那些情緒發洩出來。

關於戒指的事，我後來才知道，當年李順義偷了母親的一對銀鐲子，打成了一對戒指，和張金萍一人一個，當作定情信物，還說總有一天他會把戒指給她換成金的。我想這也是李順義去世前想要兌現的那個承諾吧。

聽李順義的兒子說，母親有一年也吵著要父親買金戒指給她，但父親沒答應。他當時不理解，覺得以李順義的收入，一個金戒指還是買得起的，現在終於知道原因了。

遺體火化時，需要摘下戒指。之前，李順義的手指就已經很僵硬了，戴的時候很費力，摘下時，更是差點把皮刮掉，我趕緊上前幫了張金萍一把。火化完畢，李順義的骨灰被養子拿走了，和原配妻子葬在了一起。

我問張金萍，後悔自己做的這種選擇嗎？她說：「從一九七七年到二〇一七年，我等了整整四十年，雖然最後是以這種方式嫁給了他，但我不後悔！」

沒能和李順義合葬的事，對張金萍來說肯定是有遺憾的。但李順義有結髮妻子，即使他再不喜歡，也是二十年的夫妻了，總得有個先來後到。

我問張金萍：「之後什麼打算，回山東嗎？」她反問我：「還回去幹什麼？」她在山東也沒有親人了。「等了他一輩子，結婚了就是他的人了。」張金萍變賣了山東的房產，在東北這邊找了一間房子，買下來之後就獨自居住了。

我覺得她太堅強了，要是換作我，可能就算了，因為活著太孤獨了。年輕時候的孤獨，還有排解的地方。可老了之後，就剩寂寞和懷念了。那時候，我經常去看她，後來因為懷孕生子，就比較少去了，但還是維持每個月一次的頻率去看她。

二〇一九年，張金萍得了咽喉癌，身體不好，就住進了養老院。在養老院裡，她慢慢變得不願意跟人相處了，天天拿著兩張照片看，不知道在想什麼。

二〇二〇年十月，張金萍在睡夢中離開了。我想，她是去找李順義了。

宋哥回來以後聽說了這件事，誇我：「厲害啊，還能操辦跨越生死的婚禮呢。」然後又說：「可惜了，多好的化妝機會啊！」我說：「算了吧，要是你來化妝，讓奶奶看見爺爺那個妝容，可能就沒有這場婚禮了。」他不高興了，說他在家這幾天研究透徹了，叫我躺下，他給我從頭到腳來一套完整的，讓我看看他有沒有進步。我說：「真是享福啊，提前五十年體驗死後服務，我師父都沒這待遇。」

於是我就躺在那兒，讓他替我化妝。這回雖然還是差了點，但是好多了，差就差在畫得我一臉煞白，嘴唇顏色不對，眉毛也畫得不協調。畢竟我是活人，跟死人比還是有差距的，於是我替他找了幾個準備統一火化、無人認領的寄存遺體，要他自己看看問題在哪兒。他一次次失敗，又一次次調整，讓我再次見識了宋哥神奇的學習速度。

很快就要冬天了，跟宋哥打打鬧鬧的日子總是過得格外快，我感覺我跟他與其說像老師和學生，不如說更像哥哥和妹妹。我們會去看對方身上的優缺點，互相提出建議，覺得對方有不好的地方，都能及時溝通。將近六個月的磨合之後，我和宋哥有了一次同病相憐的機會。

在我們這行，替遺體美容時是要戴手套的，因為遺體有細菌，一旦被細菌感染，就會導致免疫力低下，甚至高燒感冒。我身體不好，天氣一冷就容易感冒。通常在天氣變冷時，我總是會格外多保護自己一些。但偏偏那天工作時，我發現沒有手套了，有人去買了但是還沒到。雖然當時我還有點感冒難受，但心裡想：沒手套就沒手套吧，直接動手，總不至於那麼倒楣吧。結果就是這麼倒楣，怕什麼來什麼，我細菌感染了。更倒楣的是，當時宋哥也感冒了，進來幫我做事時，和我來了個直接接觸。

兩天後的半夜，我們在整理工具時，宋哥就開始打噴嚏，覺得冷，還開始拉肚子。接著，我突然迷糊、嘔吐、腹瀉。完了，我們師徒倆都栽了。宋哥在男廁所拉肚子還沒出來，我就進了女廁所吐起來了。大半夜的，殯儀館很安靜，我吐的聲音，在主任辦公室都能聽見。主任和我師父嚇壞了，都跑出來看我倆怎麼回事，但我倆剛出廁所沒走兩步，又折回去了。

宋哥被折磨得都虛脫了，再出來時都是扶著牆走的，我一開始還靠著牆，但後來連站著的力氣都沒有了。我們也不管乾不乾淨了，直接一屁股坐地上。師父心疼我，也不弄清楚是什麼原因引起的，就賴到了食堂師傅和宋哥身上，說他們一個做了什麼不乾淨的給我吃了，一個由著我喝冷飲。主任說：「大冷天的不能光在地上坐著啊，趕快去醫院吧！」

我師父著急慌亂地扶著我就往電動車上放，但電動車靠背壞了，早就被拿掉了，加上我當時體力不支，還沒坐穩呢師父就騎出去了。結果我直接仰倒在地上了，主任看見趕緊喊我師父：「許老大，你女兒掉地上了！」我師父真好，一句都沒聽到，就騎著跑得看不見車尾燈了。

過了一會兒，主任剛把我扶上殯儀館的車，師父就折返回來了，一臉尷尬地笑著說：「騎車騎到一半跟小四說話，她沒回我，我一回頭才發現女兒丟了，就嚇得我趕快回來找。」

雖然我師父粗心得不像個媽媽，但我從小父母離婚，他們對我也不好，我爺爺還說我是個沒人要的孤兒，以至於我長這麼大，一直都沒有家的感覺。但自從跟了師父後，我才真正感覺自己有了媽有了家——儘管這個媽有些神經大條。而這個媽就住在殯儀館，所以我說把殯儀館當家，真不是假話。

那晚到了醫院，醫師看我昏昏沉沉，就替我量了體溫，三十八度。檢查完，醫師說：「不是食物中毒，是細菌感染。」我師父立刻反應過來了，說我：「又沒戴手套，活該。」

醫師幫我和宋哥開了藥和點滴，安排我們去打點滴了。主任替我們繳完費用，安頓好之後就走了，師父在那陪我們。後半夜，宋哥突然喊了起來：「小四在亂動，都回血了。」宋哥個性比較細心，即使自己也生著病，對我也頗為照顧。他知道我有過敏史，怕我是過敏反應，想去叫護理師。

師父被宋哥吵醒了，問他：「喊什麼？怎麼了？」宋哥說：「小四好像過敏了，一直動。」

師父看了我一眼，說：「過什麼敏，小四菸癮犯了，沒事。」耗了大半夜，等我們回殯儀館時，都早上九點多了。平常我們都是站著工作，那天因為我倆病了，沒事的時候可以坐著。我還是有點發燒，整個人無精打采的。宋哥體格好，打完點滴精神比我好一點。由於師父當時在跟逝者家屬溝通，宋哥就主動去食堂買飯給我吃。

我還在難受呢，就開始耍小孩脾氣，說什麼也不吃。宋哥直接來句：「小四乖，小四張嘴吃飯飯。」我趕緊吃了，但不是被他感動的，是被他突如其來的這種語氣噁心到了。他覺得這招好用，就更過分地說：「小四乖乖地養好病，小宋哥哥還會買雪糕給小四吃。」

這時師父回來了，聽到他說這句話，直接給了他一腳，警告說：「還買，都什麼樣了，好了也不準買！」那天不怎麼忙，我和宋哥一直坐到了下午，身體恢復了不少。但到了晚上工作的時候，我又忘記戴手套，又被感染了。宋哥這次學聰明了，離我遠遠的。但他還是沒躲掉，又被我傳染了。就這樣，我倆足足被折磨了半個月時間。

其他同事都被我們兩個搞得害怕了，看見我們就躲得遠遠的，還以為我們得了什麼絕症或者傳染病，把我們關起來了，一個房間關一個，也省得我倆沒完沒了地交叉感染。吃飯他們先吃，再放我們兩個進去吃，我們吃完，他們再替食堂消毒，我們兩個待過的其他地方，也都一律消毒。這下，我跟宋哥真成了難兄難弟。

那些日子，除了在工作間裡工作，我就慫恿宋哥一起玩撲克牌，賭錢的那種。我贏了他五百多元，我知道他是為了哄我開心故意放水輸我的，錢我也沒要。

玩了幾晚牌之後，宋哥覺得沒意思，我就開始彈吉他——我彈，他唱。彈累了，我叫宋哥展示新技能——折紙。我很佩服會折紙的人，於是就跟宋哥商量著交換技能，我教他彈吉他，他教我折紙，還折了好多小玩具給我玩。

師父進來說：「兩個病人，玩得挺開心啊！」我和宋哥都笑了，這是為數不多的開心時光。我突然就想，宋哥要是我的親哥哥該多好啊。

我在這個殯儀館裡，越來越有家的感覺了，先是有了媽媽，現在又有了哥哥。雖然我媽也會打我、罵我，我哥也總是氣我、嚇我，但關鍵時刻他們都寵著我，真好。

師父雖然從不當面誇我，但背地裡總和別人說我很優秀，在帶徒弟這方面，除了態度不嚴肅，剩下的教得都很好，比她強，起碼不會打人。她想讓我獨自長大的目的，似乎達到了。

宋哥會當面誇我，因為之前寧寧的事情，他說：「小四，我真的很佩服你，佩服你的勇氣，你的善良，也明白了為什麼認識你的那天你在院子裡那麼狂野。」從這以後，宋哥開始學習「善良」。這一學不要緊，他差點沒被人打死。事情的起因還是在我身上。

我們這個職業，其實就是理解死亡，給逝者尊嚴和體面，給生者安慰和尊重。因此，除了入殮，與家屬的溝通也是必不可少的。

以前，我也不會和家屬溝通，來來回回只有一句「節哀順變」。後來，我做了宋哥的師父，他話多，和他在一起時間長了我的話也多了，跟家屬溝通時，就不再是一句話了，動作也跟著出現了。

我會把他們摟過來，讓他們靠在我肩膀上哭泣、傾訴，告訴他們我懂他們的心情。「逝者已逝，生者要堅強，逝者看見你們哭成這樣，也會心疼的，會走得不安心，死亡不是終點，遺忘才是。」宋哥看我怎麼做，他也照做。他看我摟人，就直接伸手去摟。有一次，居然摟著一個女性家屬哄，把她老公氣得，說宋哥占自己老婆便宜，要動手打他。我把宋哥帶走，問他：「你在想什麼？」他說：「你不就是這麼做的嗎？」我說因為我是女的，他還頂嘴，說：「那我摟男的，豈不是更奇怪？」我說：「一定要摟嗎？站在那兒，遞張衛生紙安撫一下，不行嗎？」

他不是總是這麼沒腦子，也學到了好的。之前做完工作，他都不向逝者鞠躬，後來會鞠躬了，還自己多加一句：「過程結束了，看，乾乾淨淨地走多好，謝謝您選擇我為您服務。」有時，工作需要我倆來回切換，他會說：「接下來，由漂亮的小四妹妹為您梳頭，想要什麼髮型？」還拿手機找髮型圖片跟人家介紹。

再後來，等到他有壓力的時候，終於理解了我彈吉他是為了紓解壓力，而他的解壓方法是捶床。我說：「捶壞了，薪水就沒有了。」他就開始折紙。後來又升級了，替人折一些祈福燈。我問他什麼意思，他說：「希望他們不再有病痛，人世間的煩惱紛擾徹底放下，下輩子更好。」

過了一段時間，殯儀館送來了一位十四歲的小女孩，是被凍死的，死狀詭異。離世時，她的姿勢是坐著的，上身只有一件毛衣，下身光著，沒穿褲子，眼睛瞪得很大，舉著右手像是要抓住什麼。看到她，我和宋哥都呆住了，難以想像這個女孩在死之前遭受了什麼。當時，女孩的父母都不在，說是有點事情要處理，得等一會兒才能過來，請我們先服務。

我們把女孩請到了工作間。我跟宋哥說了服務流程：「天冷，得替她蓋個被單，先緩解屍僵。讓她躺好，替她洗個舒舒服服的澡，再梳個漂亮的辮子，等等她家人來了，再幫她要一套乾淨衣服穿。」宋哥點點頭，就去幫孩子拿被單了。蓋好以後，我又多說了一句：「手的力道輕一點，孩子小，別弄痛她。」宋哥說：「懂。」

我倆開始替她按摩，一個按上半身，一個按下半身，終於讓這個女孩躺了下來。為她洗澡之前，我把她的眼睛闔上，對她說：「好好睡覺吧，都結束了。」

宋哥替她洗頭時，發現了一個細節——這孩子的頭髮上有農村燒火用的苞米稈葉子。女孩死之前連內褲都沒穿，宋哥懷疑她肯定是遭到性侵了，就也不管什麼規矩不規矩了，掀開女孩遺體上的被單，想替她驗屍。

我趕緊攔住他，說：「這裡沒有工具，怎麼驗？而且就算做出來了，我們又能怎麼樣？搞不好，她被送來前已經驗過屍了，她的父母可能就是因為在等驗屍報告所以才沒過來，我們先把她入殮好，可以嗎？」

宋哥冷靜了一會兒，說：「你說得對，我現在不是法醫了，而是入殮師，既然沒辦法知道真相，唯一能做的就是好好入殮她，讓她安靜地走完人生的最後一程。」

宋哥替女孩洗完頭髮，我幫她編了辮子，還在她嘴唇上塗了一點口紅。等我們把這些都做完，女孩的父母還是沒有來。這個小女孩生前可能真的遭遇了什麼不好的事情。第二天早上，女孩的家人終於來了，父母、奶奶，還有一些親戚。母親看見女兒的遺體後，狠狠地抽了自己兩巴掌，臉都抽紅了，還抓著自己的頭髮捶胸頓足地喊著，後悔不該跟女兒吵架，她不跑出去的話，就不會是這樣的結果了。父親也紅著眼眶，用力咬著自己的手，悲痛萬分。但是，奶奶的表情裡卻透露著不耐煩和不在乎。

我上前替女孩的母親擦了擦眼淚，請她先冷靜下來，又問女孩的父親：「能替孩子準備一套乾淨的衣服，讓她先穿上嗎？」拿到衣服後，我和宋哥一起隔著被單幫女孩穿上了，接著把她推出去放冰棺裡，擺好了離世的姿勢。

見女孩的母親還在哭，我就走過去安慰她：「發生了什麼事，跟我說說可以嗎？」有時候讓逝者家屬傾訴出來，也是一個讓他們發洩的方式。

她一邊哭，一邊含糊不清地說。女孩叫媛媛，十四歲，上國中，正是叛逆的年紀，不好管教。媛媛出事的那天早上，上學之前跟媽媽吵了幾句，原因是媽媽在她的書包裡發現了一封情書。

上國中後，同班同學都有手機，媛媛也很羨慕，就纏著媽媽也買了手機。媛媛的手機沒有鎖，媽媽就打開看了一眼她的通訊軟體，結果發現她在裡面跟一個男的互相叫著老公老婆，還說了一些不該十四歲女孩說的話。看到這些東西時，媽媽瞬間五雷轟頂。

她想跟媛媛談談這個男的到底是誰，如果是同班同學，就別越雷池；如果是網友，就趁早斷了聯繫，畢竟網路上什麼人都有，她怕媛媛被騙。沒想到這件事情激怒了媛媛。

她對她媽媽大喊：「談戀愛又怎麼了，談戀愛犯法嗎？奶奶不就一直覺得女孩是個賠錢貨嗎？大不了我不念書了，早點嫁人就好了！」啪，媽媽給了她一巴掌，罵她：「你還要臉嗎？這些話都誰教你的？從現在開始沒收你的手機，省得你跟一些不三不四的人不學好！」媛媛就捂著臉背著書包，怒氣沖沖地從家裡跑了出去。

媛媛媽媽心裡想著：小孩子鬧脾氣而已，等晚上放學回來給她做點好吃的，好好哄哄，再跟她好好談談，就過去了。但是，很晚了媛媛都沒回來。

家人就去學校問，老師說媛媛根本沒來上學，跟她交情好的同學都來了，她也不可能去同學家裡。這下子家人慌了，開始去媛媛可能去的地方找她。鎮上有家網咖的老闆說，白天有看見媛媛，但她沒開台，在這混了一天，下午五點之前就走了，剛好就是放學的時間走的。但媛媛從網咖出來沒回家，家人把鎮上都翻遍了，就是不見她的蹤影。

發現媛媛的是一個住得離媛媛家不遠的人，大家都叫她三嬸。

農村的冬天太冷，村民們都燒炕取暖。但是到了後半夜，炕容易涼，三嬸怕冷，她經常半夜起來替炕添柴火。那天，正好屋裡沒有柴火了，她只能跑到院子前面的柴火堆去拿。到了一看，發現柴火堆裡有一個洞，她用手電筒往裡一照，發現媛媛在裡坐著一動不動，還沒穿褲子。她意識到不對勁，就伸手摸一下看看怎麼回事，

接觸到媛媛的一瞬間，她就被嚇得坐到了地上，媛媛的身子已經涼了！

三嬸之前雖然聽說了媛媛失蹤的事，但她做夢也沒想到媛媛竟然死在她家的柴火堆裡。冷靜了一會兒後，三嬸趕緊跑回屋把她老公叫了起來。兩人一起去了媛媛家，說找到媛媛了。媛媛媽媽也沒多想，還握著三嬸的手跟她說謝謝，「媛媛肯定餓壞了，我這就接她回家」。

三嬸對媛媛媽說：「你要做好心理準備，不是你想的那樣。我是在我家柴火堆裡發現她的，已經沒有呼吸了。」媛媛媽媽愣了一下，瘋了似的跑過去扒開柴火堆，看到女兒的一瞬間，嚎啕大哭。她又仔細一看，發現女兒竟然沒穿褲子，她懷疑女兒被性侵了，就趕緊報了警，還要求法醫替媛媛驗屍。但法醫驗屍的最後結果是：媛媛沒有被性侵的痕跡，體內也沒有精斑。這就奇怪了，褲子去哪了？她也不是傻子，大冷天的難道自己會脫褲子？況且柴火堆裡也沒有啊。

最後，警察給的推測是，媛媛應該是被壞人盯上了，強姦未遂，她出於害怕就鑽進了柴火堆裡。能對媛媛這麼做的應該是跟她同村的且讓她沒有戒備心的人。

警察調了監視器畫面，發現媛媛確實沒去上學，在鎮上的網咖裡待了一天，晚上才往村子的方向走。回村的路上有監視器，並沒有發現什麼不對勁，但村子裡沒有監視器，媛媛進了村，就不知道發生什麼了，也調查不出來。

我和宋哥聽完之後，一時間都不知道該說些什麼，就在那呆站著。如果知道是這個結果，媛媛會後悔跟她媽媽吵架嗎？她離世前伸出的手是想向媽媽求救嗎？我們不得而知，只希望她能一路好走。而宋哥也透過這件事徹底接受了自己的新身分——入殮師。

天堂沒有入殮師

二〇一七年秋天，林姐的婆婆偷偷自殺了。自殺的前一天，婆婆拉著她的手說：「你是個好媳婦，這十多年我都沒給過你好臉色，你也沒計較過，還任勞任怨地伺候我，我要謝謝你。」林姐只是聽著沒說話，等第二天早上要去餵婆婆吃飯時，才發現婆婆自殺了。

林姐婆婆是個很逞強的人，可能是因為自己癱瘓了那麼多年，加上兒子、孫子都去世了，不忍心再拖累林姐了。這次，林姐沒有哭，內心似乎很平靜。或許就像她自己說的那樣，把婆婆送走之後，她的任務就算完成了，對她來說人生就沒有遺憾了。

親自送走親人的情況，幾乎我們每個同事都經歷過，但像林姐這麼特殊的幾乎沒有。二〇一四年至二〇一七年，看著林姐親手送走了三位親人，一開始我說不出來是什麼滋味，後來我反而覺得林姐是徹底解脫了，往後的日子裡她終於可以過自己喜歡的生活了。

一名入殮師的一生，就是入殮最重要的那幾個人，等一個個都入殮完了，這輩子也就結束了。四十一歲的林姐，送走了所有親人之後，孤獨地走在人生最後一段路上。

有一段時間，林姐總跟我師父說肚子痛，還說下面有血，而且當時她還不是在經期。我師父就陪她去做檢查，但是也沒有檢查出來什麼病。她雖然覺得自己的身體不太對勁，但也沒太放在心上。而這，導致了林姐的病情加劇。

最明顯的就是，林姐開始不愛吃飯了。她本來就瘦，不吃飯以後更瘦了，氣色也非常不好。師父說要再陪她去醫院檢查時，林姐還認為自己沒事，後來經過複查，醫生偷偷跟我師父說：「檢查出來了，是子宮頸癌末期，只是早期的時候並沒有腫瘤，下面出血不多，所以沒能及時發現。如果發現得早，還能做手術治療，但治療以後可能還會復發，這個病怕累，要多休息，而且現在已經是末期了，治不了了，只能用藥物來減輕她的症狀，讓她少點痛苦。」

師父出來後，皺著眉頭坐在了門外的椅子上，我趕緊過去問她怎麼樣了。她先是伸手去摸包包，想拿菸抽，但看了看四周又把手放下了，語氣低沉地說：「林姐沒有多少日子了，確診了子宮頸癌末期，我不打算告訴她。」

回去以後，師父找了個藉口騙林姐說：「只是普通的婦科炎症，按時吃消炎藥就行了。」怕林姐起疑心，她還把藥收了起來，該吃藥的時候才會取出來送去給林姐。但林姐也不是傻瓜，我師父那麼大剌剌的人，突然對她這麼細心，肯定有事瞞她。就跟我師父開玩笑地問：「怎麼突然這麼關心我了？我該不會得了什麼絕症吧？」「呸呸呸，別瞎說。」我師父趕緊打斷了她。林姐又繼續說：「這麼緊張幹嘛？該不會被我說中了吧？」我師父說：「就沒見過你這種沒事給自己找事，不希望自己好的人。」林姐沒再和我師父鬥嘴，接了一壺水就回自己的工作間去了。

後來，林姐的狀態越來越不好了，瘦得幾乎皮包骨了。可能是因為身上疼痛，她每天就只喝一點水，也很少吃飯。我師父知道她快不行了，所以沒事就去她的工作間看她。

林姐後面的狀態也已經不太能工作了。大多數時間裡，她都拿著一本書在工作間裡坐著看，坐累了就去後面的宿舍躺一下。

二〇一八年五月，林姐去世了。我師父第一個發現的，林姐走的時候就坐在她工作間裡那個常坐的木頭板凳上，閉著眼睛。或許像林姐自己說的那樣，她把婆婆送走之後，就再也沒有遺憾了。

這時，我覺得死亡就是另一種睡著了，再也感受不到時間的流逝，也感受不到這世間所有的一切，也就沒有了煩惱和憂愁。

林姐在去世前的前一天晚上，還跟我師父說：「我做了兩天夢，夢見我丈夫帶著孩子來接我了，說他們太想我了，他們現在過得很好，想把我接過去享福。」說完，林姐又頓了頓，說：「雖然我還不想太早過去找他們，但我自己又滿孤獨的。」她還逗我師父說：「你幫我出出主意，到底要不要去？」我師父還開玩笑地叫她滾蛋。

我跟我師父說：「林姐可能是太痛了或者太累了，想休息，坐著睡著的時候，姐夫就來接她了。她可能是太想他們了，就沒有拒絕姐夫跟著走了。」我還問師父，林姐到底知不知道自己罹癌的事？師父說：「她應該是知道的，但就像你說的那樣，她太想孩子了，就裝作不知道，平靜地等著死亡來臨的那一刻，好去跟孩子團聚。」

林姐的喪葬費是單位出的，喪事是我師父打點的。葬禮很簡單，林姐躺在弔唁廳的冰棺裡，和生前一樣文靜。單位的同事們陪了她三天，每人都送了一個花圈。告別的那一刻，所有的同事都來給林姐鞠了一躬。

同事們都說，林姐這一輩子沒有一天是為自己活的，她把自己全都獻給了工作和家庭。她身上那種遇到任何事都很樂觀的態度一直影響著我。

有段時間，宋哥說他不想接受家裡的安排，想自主選擇人生。我沉默了幾秒，跟他說：「上海那邊待遇滿好的，大陸第一個九〇後入殮師團隊就出自上海，去上海發展的空間比這邊會好很多，薪資待遇也不差。」我知道以他的能力，窩在這個小地方對他是不公平的。出去闖闖，能學得更完善一點，還能賺更多的錢。也許就像我一樣，離開了師父，他才能成長得更快。

過了一段時間，我找宋哥談了一次，問他：「再四個月就滿一年了，你自己有什麼想法嗎？是想留下，還是出去闖闖？」宋哥被我的話問住了，他可能沒想過要離開，就說：「不然就留下來吧，跟你相處滿快樂的，新的環境和同事，要重新磨合，還要從頭吃苦。」我說：「重新磨合也不是壞事，出去闖闖見見世面，混得好就待著，混得不好再回來繼續跟著我。」他沒有說話。最後，我告訴他：「回去好好想想，不用急著給我答案，我也沒有趕你走的意思。」

其實，我是希望宋哥留下來的。我承認我有私心，之前師父打算帶著我出去闖，如果我們要建立一個團隊，肯定需要宋哥這樣優秀的人。過了幾天，宋哥跟我說：「我想去上海試試，很好奇新的環境，也很好奇你說的先進技術，更好奇自己的未來會是什麼樣。」聽他說前半句的一瞬間，我愣了一下。雖然，我早已猜到了宋哥的答案，但聽他親口說出來，還是有點難受。八個多月的相處，磨合出來的默契，我親自帶出來的人，要我放他走我捨不得。

宋哥的突飛猛進，不只我，館長他們也都看在眼裡。館長還曾私下和我說了無數次：「一定要把他留下來。」我也想把他留下，但我不能那麼自私，如果宋哥真的有了更好的去處，能做得更好，我祝福他。

我把眼淚憋了回去，硬擠出一個笑臉，跟他說：「好，滾吧，滾了也好，就沒人煩我了，也沒人畫妝畫得跟個小紙人似的嚇我了，也不用來回跟我交叉感染了。打算什麼時候走啊？等等我跟人事說幫你結算薪資。」

其實宋哥一個月薪資才四千五百元，我自己又掏腰包給了他三千五百元。上海是個大城市，宋哥在沒站穩腳跟之前，吃飯、住宿都需要錢，雖然這三千五百元不夠做什麼，但總比沒有強。

宋哥決定走以後，師父跟我說這樣也不錯，也算替我圓夢了，畢竟我結婚了，也不能出去闖了，這樣確實滿好的。最後，我和宋哥、師父一起吃了頓飯，那天晚上我喝了好多酒。

包廂裡，我把吉他和拋棄式塑膠帽又拿了出來，彈著剛認識宋哥時的那首〈不再猶豫〉，又表演了一次把帽子從頭上甩飛。宋哥哈哈大笑，我說：「這是送給你的禮物，以後就看不到狂野的小四了。」說著說著，我的眼淚就掉了下來，和宋哥相處的一幕一幕也浮現在了眼前。

宋哥剛來一個多月的時候，他一碰殯儀館的門把手就掉，一碰就掉。後來他碰了宿舍的門，結果門整個都掉了。他就有了個外號，叫「碰啥壞啥」。

夏天的晚上，師父總會帶著我和宋哥去旁邊的山上玩。山上有人養雞，菜園裡還種了西瓜和蔬菜。我和師父進去偷，宋哥就在旁邊把風。我們回去的時候，身上都是沙土，同事們還問我師父，又帶著兩個孩子上哪兒淘氣去了？

我對宋哥說：「我承認我自私，沒教好你，以後到了上海，如果工作沒做好，別說是我教的，我可不想跟你一起丟人。」宋哥說：「我在你身上學到和收穫了很多，你對逝者和逝者家屬的那種態度，你心底的善良夠我學一輩子的。」宋哥眼睛也紅了，就跑出去了。

我以為他不好意思，跑去廁所哭了，沒一會兒他就回來了，手裡拿了兩條菸和一支雪糕，說：「這也是我最後一次幫你買菸和雪糕了。」說完，又用肉麻的語氣說：「以後，要好好聽許老大的話，我很羨慕你能有這麼好的師父。我保證，如果在那邊混得不錯，會記得幫你留個位置。」聽到這裡，我感動得哭了，雖然我和家人關係不好，但師父像媽媽一樣、宋哥像哥哥一樣，都給予了我家人般的寵愛。

我舉起酒杯，把眼淚一抹，說：「不說這些了，接下來的這首歌〈真的愛你〉，送給我師父。」宋哥在那啪啪拍手，還吹口哨。熱鬧的氣氛引得其他客人都往我們這個包廂裡看，有的還進來跟著跳舞，跟我們喝酒。

那個晚上，有開心，有不捨，所有的情緒都留在了那裡。那天之後，他們都離我而去了。

宋哥走後，館長不高興，追在我屁股後面罵了我一個星期。問我在想什麼，那麼優秀的人，怎麼就放走了。其他同事也都罵我傻，說宋哥那麼優秀，應該把他留下來，還能替我和師父減輕一點負擔，他這一走，我們倆又得自己累了。他們說的話我沒往心裡去。

二〇一八年農曆新年，我懷孕了，當時覺得自己年紀還小，本來不想生孩子，但許老大說，她看到小傢伙在我肚子裡的樣子了就心軟了，要我把這個孩子留下來。

到了孕中期的時候，許老大給了我一張提款卡，說：「這是我的積蓄，你有孩子了就放棄這個行業吧，對孩子不好。既然你那麼愛吃冰淇淋，乾脆開一間飲料店吧！」我說：「你把錢給我了，你怎麼辦？」她說：「錢，我還能賺，多賺點，多存點給我外孫。」

我拉著她的手，放在我的肚子上，問她：「想要孫子還是孫女啊？」她說：「只要健康就好，男孩女孩我都喜歡。」但想了想又說：「還是女孩吧，女孩跟媽媽貼心。」

孩子還沒出生時，許老大就開始買嬰兒用品。有一次我正在她屋裡躺著吃水果呢，她背著手進來笑嘻嘻地問我：「猜猜我買了什麼？噔噔！是小襪子。」她把襪子拿出來後，又說：「這襪子好小啊，真可愛，寶寶穿上一定更可愛。」我又一次躺在了她腿上，看著她說：「這個夏天過完，你就當外婆了，到時候就有得忙了。」

那天晚上，她還買了書和字典，戴著老花鏡看育兒書，學怎麼帶孩子呢。我還說她：「變成小老太太咯，都有白頭髮了，眼睛也花了。」她說：「我都要當外婆了，能不老嗎？」

我過去摟著她的脖子，她說：「別膩著了，熱死了。」我就摟得更緊了，「我才不走，就要黏著你」。

我以為日子能這麼平淡溫馨地過下去的時候，許老大突然過世了。

其實早在我剛結婚的時候，我就發現師父偷偷吃藥，而且工作的時候總會時不時出去扶著門大喘氣。我問過她怎麼了，她就是不跟我說實話。後來我偷偷打聽到她生病了，病得很嚴重，也跟她經常喝酒有關係。我要她戒酒她不聽，背著我偷偷喝。

二〇一八年七月十三日，許老大的好朋友打電話給我先生，要他慢慢告訴我，我師父突發腦溢血伴隨心臟病離世了。我拽著我先生的衣領，幾乎是咆哮地問他：「你說什麼，再說一遍！」驟然聽到師父離世的消息，我根本不信，以為自己聽錯了。他說：「師父過世了，你不要激動。」我要去殯儀館，他不讓我去，但最後，我還是去了。

同事們、師父的朋友以及殯儀館裡的其他人，看到一個孕婦出現在這裡，都傻眼了。師父的朋友發現孕婦是我後就跑過來拉住我，說什麼都不讓我進去。我推開他們，去了工作間，拿起工具準備親自替師父入殮。

殯儀館有專門存放遺體美容師工具箱的地方，每個人自己有自己的工具箱。裡面裝的是膠水、各種畫刷、手術剪子、鑷子、手術刀、金屬絲等。許老大的規矩是她的那套東西要傳給自己最優秀的徒弟，而且這些接觸死人的東西不能拿回家。

他們拉著我，說：「別鬧，控制一下情緒，不能任性。你師父我們已經替你入殮完了，這地方真不是一個孕婦能進來的。」我瞪著他們問：「我沒來，誰允許你們碰她的？」

然後，我就給師父的朋友跪下了，我求她讓我進去看師父，一眼就好。她明白我跟許老大感情太深了，把我拉起來，最後還是讓我進去了。

進去之後，看著許老大躺在那裡一動不動，一瞬間我的情緒全都上來了，但他們在一旁不斷叮嚀我，不能哭，哭了容易流產。我始終無法接受，憋著一口氣，拉著許老大的手說：「許老大，你給我起來，少在這裡跟我裝，這玩笑太過分了吧！跟我說你是騙我的，是你和他們一起騙我的！」但她始終一點反應都沒有。

我開始罵她：「你這個騙子，說好的等著抱外孫，說好的怕我害怕會陪著我生產，幫我加油，你怎麼可以說話不算話呢？還有那年你答應我的摩天輪我還沒坐呢，答應的事你都沒做到，你就睡覺，你是不是有點玩不起了。」我還把頭髮散開，搬了一把椅子坐到她身邊，要她起來替我梳頭髮：「今天還沒梳頭髮呢！」

最後，同事們還是把我拉了出來，他們也在抹眼淚，勸我說：「不能接受也得接受。」我說：「不用放三天了，我不來，她躺這裡給誰看？」第二天，他們就按照我的意願，把許老大火化了。火化之前是我給許老大捧的盆，我還對她喊：「許老大，你趕緊給我起來，你怕熱，裡面那麼熱你肯定受不了！」可是她沒起來，也沒回答我，就那麼走了。

許老大沒有墓地，骨灰只能先寄存起來，我就把她的小盒子搶了過來摟在懷裡，死活都不鬆手。我知道我一鬆手就徹底失去她了，他們掰我的手都掰不開，我摟著她的小盒子坐在椅子上，回憶起這五年裡我跟她的點點滴滴。直到這一刻我才發現，這五年裡，我和她早就成了彼此生命裡最重要的人。

第一次在殯儀館門口見她，她不要我；在這個院子裡，她打我，帶著我工作，我摟著她撒嬌。夏天，我們一起去前面的農地裡偷馬鈴薯、西瓜、玉米；夜晚在屋頂看星星，彈吉他。我為了克服恐懼，主動去摸遺體的手，她躲在門口偷偷嚇我。還有我跟她一起為逝者做的那些事，這些畫面都在我腦子裡浮現了出來。

生孩子那天，我一直問「我師父怎麼沒來」？很快我才反應過來了，轉頭偷偷哭了。出了月子後，我去許老大的租屋處替她收拾遺物，躺在她躺過的床上，默默流著眼淚摸她的枕頭。我問她：「不是說好的，我們母女倆互相有個伴嗎？太師母走的時候，你是不是也像我這樣難受？窒息得要死了？」我又跟她說：「回來看看我好不好，看看你的外孫女，抱抱她也抱抱我好不好？」

後來，我在身上紋了一隻抱著胡蘿蔔的小兔子，因為師父是屬兔的，而我就是那根胡蘿蔔，永遠被師父保護在懷裡。也許，孤獨是人生的本質。做這份工作也經常會想不開，看過好多橫死的人之後，我就越來越覺得，自己無法接受太慘烈的離世方式，而且不知道將來自己的遺體能否得到應有的照料。

我也經常勸自己，不可以這樣，我做著離死亡最近的工作，這份有意義的工作教會了我那麼多，教我看透了那麼多虛偽的人和事，看到了世間最真實的人情冷暖。但既然都看透了，我為什麼就不能好好地活著呢？

有時我還想，身為「圈內人」，等我死了的那一天是誰幫我入殮化妝呢？師父去世時有我，而我收的徒弟技術還沒我好呢，我不放心，得提前叮嚀徒弟細心點、溫柔點，服務我時記得也和我閒話家常。

我想過，如果我能上天堂的話——我應該可以吧——應該去做什麼呢？想了半天之後，有點失望，天堂裡不需要入殮師吧？

孩子戒奶以後，我就回殯儀館工作了。雖然師父走後的那段時間，我曾無數次想要放棄這個行業，但現在我不想了。我想努力學習，結合更先進的殯葬服務技術，把師父教我的手藝好好傳下去。而館長也對我提出了新的要求：不用做多少事，只要多帶學生就行。還下令要我非做到不可：至少留下一兩個優秀的，除非沒有，不然扣薪水。

於是我開始一次帶五到八個學生。

這些學生，有很多態度敷衍的、不會看眼色的、不好好學的，讓我一肚子火。這要是以前師父在的時候，我肯定會教訓他們幾個，因為有師父當靠山。但是現在師父不在了，沒人能保護我了，所以只要不是大事，我都不會發火，能忍就忍了。

漸漸地，我也活成了師父的模樣。我和我師父都不是溫柔的人，但師父把最溫柔、最好的一面給了我。有師父在的時候，我永遠都不需要長大。

之後，我再帶新人的時候，也開始變得溫柔，有耐心了。也終於理解師父當年為什麼會對我這樣了。

以前，我不願意與人打交道，家屬對我態度不好時我也態度不好，轉頭就走，心裡還會罵對方。現在的我，會試著理解他們的情緒，跟他們耐心解釋，告訴他們別急，急也不解決問題，問他們想怎麼做，而我的能力能做到什麼程度。我不再挨揍了，也不再任性耍脾氣了。

師父你看，我沒丟你的臉，那個賴著你的小女孩，終於長成了獨當一面的小女人。

人生顧問540

天堂沒有入殮師

作者——孫留仙
副主編——朱晏瑭
封面設計——李佳隆
內文設計——林曉涵
校對——朱晏瑭
行銷企劃——蔡雨庭

總編輯——梁芳春
董事長——趙政岷
出版者——時報文化出版企業股份有限公司
一〇八〇一九臺北市和平西路三段二四〇號七樓
發行專線——（〇二）二三〇六六八四二
讀者服務專線——〇八〇〇二三一七〇五
（〇二）二三〇四七一〇三
讀者服務傳真——（〇二）二三〇四六八五八
郵撥——一九三四四七二四　時報文化出版公司
信箱——一〇八九九臺北華江橋郵局第九九信箱
時報悅讀網——www.readingtimes.com.tw
電子郵件信箱——yoho@readingtimes.com.tw
法律顧問——理律法律事務所 陳長文律師、李念祖律師
印刷——勁達印刷有限公司
初版一刷——二〇二四年十月十八日
初版二刷——二〇二五年二月十九日
定價——新臺幣三五〇元
（缺頁或破損的書，請寄回更換）

時報文化出版公司成立於 1975 年，並於 1999 年股票上櫃公開發行，於 2008 年脫離中時集團非屬旺中，以「尊重智慧與創意的文化事業」為信念。

ISBN 978-626-396-869-1　Printed in Taiwan

天堂沒有入殮師/孫留仙作. -- 初版. -- 臺北市：時報文化出版企業股份有限公司, 2024.10
面；　公分

ISBN 978-626-396-869-1(平裝)

1.CST: 殯葬業 2.CST: 喪葬習俗

489.66　113014875